# 오늘은
# 수제맥주

당신이 꼭 가야 할
브루어리와
탭룸, 비어 펍 올 가이드

# 오늘은 수제맥주

당신이 꼭 가야 할
브루어리와 탭룸, 비어 펍 올 가이드

저자 오윤희, 원관연

초판 1쇄 발행일 2018년 5월 1일

기획 및 발행 유명종
편집 이지혜
디자인 이다혜
조판 신우인쇄
용지 에스에이치페이퍼
인쇄 신우인쇄

발행처 디스커버리미디어
출판등록 제 300-2010-44(2004. 02. 11)
주소 서울시 종로구 사직로8길 34 경희궁의 아침 3단지 오피스텔 431호
전화 02-587-5558
팩스 02-588-5558

ISBN 979-11-88829-01-9 03590

thanks for

*글과 사진 작업에 격려를 아끼지 않은 가족과 언제나 내 편이 되어준 성우 씨, 치즈볼(치열하게 글을 쓰고 '즈을겁게' 여행하는 볼
수록 매력 있는 사람들), 원고 감수를 도와준 더 부스 홍창수 매니저, 크래프트브로스 최전주 브루어에게 고마움을 전합니다. 언
제 만나도 즐거운 자곡동 영어 스터디, 한 달에 한 번 책으로 만난 아름다운 인연 소울리딩클럽에도 감사를 전합니다. 사진을 제공
해준 모든 브루어리와 이 책을 읽으며 수제 맥주를 탐닉할 독자 여러분에게도 감사 인사를 전합니다. (오윤희)
*드로잉 작업에 도움 주고 책이 나오기까지 응원해 준 가족, 중화고 친구들, 동서울대학교 후배들, 7사단 9중대, 맥주학교
술쓰레기 멤버들, 그림 작업에 아낌없는 조언을 해준 뮤즈 갤러리 진동이 형과, 독자의 입장으로 깐깐하게 그림을 평가해
준 아영이. 그리고 미처 헤아리지 못한 내 주변의 멋진 분들께 깊은 감사의 마음을 전합니다. (원관연)

# 오늘은
# 수제맥주

당신이 꼭 가야 할
브루어리와
탭룸, 비어 펍 올 가이드

글과 사진 오윤희
그림 원관연

디스커버리미디어

지은이의 말

# 수제 맥주의 향연으로
# 초대합니다

수제 맥주를 좋아합니다. 맥주를 좀 더 알고 싶어 한겨레 맥주학교에 다녔습니다. 종강 날, 우리 둘은 의기투합했습니다. 수제 맥주 브루어리 여행기를 내기로 말이죠. 취미로 드로잉을 하고, 취미로 여행기 기고를 하는 우리에게 의미 있는 경험이 될 것 같았습니다.

설렘 반 기대 반으로 시작했지만 둘 다 직장인이라서 힘든 일이 많았습니다. 주말과 연차를 활용하여 취재를 다녔습니다. 동이 틀 때 만나 하루 종일 취재와 스케치를 진행했고, 어떤 때는 게스트하우스에서 밤을 지새우기도 했습니다. 2017년 5월 대선 때는 사고가 나서 한달 여 깁스를 하기도 했습니다. 제대로 움직이지도 못하고, 여행도 못 가고, 맥주도 못 마셨던 기억을 떠올리니 지금도 가슴이 짠합니다. 그렇게 다사다난하게 전국 50군데가 넘는 브루어리를 다니며 일 년여 동안 드로잉을 하고 글을 썼습니다.

힘든 여정이었지만 정말 많은 것을 배웠습니다. 주말에 찾아가도 브루어리마다 친절하게 맞이해 주어서 깊은 인상을 받았습니다. 맥주 한 잔에 브루어의 땀과 영혼이 담겨 있다는 것을, 수많은 실패와 도전을 거듭해야 비로소 한잔의 맥주가 완성된다는 것을 그때 알았습니다. 지역 이야기를 담은 맥주를 만나는 즐거움도 컸습니다. 다양한 맛만큼이나 이야기도 풍성했습니다.

맥주를 배우고, 맛과 향을 감각하고, 스토리를 즐기는 멋진 시간이었습니다. 우리는 지난 1년 동안 이어진 여정을, 맥주에 담긴 이야기를, 수제 맥주의 다채로운 맛과 향기를 많은 사람과 공유하고 싶었습니다. 매력적인 양조장과 맛있는 수제 맥주를 찾아 독자 여러분이 방방곡곡으로 여행을 떠나면 좋겠습니다. 맥주는 음식, 사람, 마시는 장소와 분위기에 따라 맛과 기분이 달라지는 매력적인 술입니다. 맥주의 컨디션, 스타일에 따라 느껴지는 맛도 다채롭지요. 지역마다, 브루어리마다 스타일, 감성, 스토리가 다른 맥주도 무척 많습니다. 알고 마시면 더 많이, 더 깊이 느낄 수 있습니다. 여러분의 맥주 수다가 거품처럼 풍성해지는 건 덤입니다. 『오늘은 수제 맥주』는 매력적인 브루어리와 다양한 크래프트 비어, 비어 펍과 탭룸을 빠짐없이 담았습니다. 수제 맥주의 향연으로 여러분을 초대합니다.

이 책이 나오기까지 많은 분들이 도움을 주셨습니다. 취재 때 만난 모든 분들, 비어포스트와 한겨레 맥주학교, 브루어리 여행기를 연재하게 해주신 Travie와 YES24, 아트인사이트, 출간 작업에 많은 협조를 해주신 한국수제맥주협회, 제품을 협찬해 준 브루어리와 MAK제주 코스메틱, 에이프롬캣 수현 님에게 감사의 인사를 전합니다. 추천의 글을 써주신 멋진 인생 선배분들, 좋은 책을 만들어주신 디스커버리미디어 식구들에게도 고마움을 전합니다.

2018년 봄

오윤희, 원관연

# 소소하지만
# 확실한 행복을 누리세요

## 맥주를 부르는 주문

오윤희 작가가 수제 맥주를 주제로 연재를 제안했을 때 내심 걱정이 앞섰다. 연재는 쉽지 않다. 정해진 시간에, 주제가 정해진 글과 사진을, 정해진 분량에 맞춰 마감해야 한다. 매주, 매달 어딘가를 섭외하고 취재를 가고 글을 써야 한다. 시간이 느리게 간다는 사람은 잡지 연재를 해보면 한 달이 얼마나 빨리 지나갈 수 있는지 확실히 알 수 있다. '누구나 소설을 쓸 수 있고 때로는 멋진 소설을 쓸 수도 있지만 지속적으로 소설을 쓰기는 정말 어렵다'는 하루키의 고백처럼 시작하기는 쉽지만 계획대로 연재를 마치기는 어렵다.

그 어려운 연재를 에디터 속 한번 썩이지 않고 1년간 해내는 것도 모자라 이번엔 책까지 만들었다. 그냥 지난 연재를 묶어낸 것도 아니다. 맥주가 두 번 발효를 거치 듯 사진을 바꾸고 그림을 넣고 살을 보태 풍미 좋은 한 권의 책으로 엮어냈다. 재미도 있고 정보도 있다. 읽다 보면 절로 시원한 맥주 한 잔을 찾게 만드는 매력이 가득하다.

-여행 잡지 『Travie』 김기남 편집국장

**맥주를 더 알고 싶다면**

이 책의 글쓴이와 그림 그린 이는 내가 교장 선생님 노릇을 하고 있는 비어포스트-한겨레 맥주학교에서 만났다. 맥주 잡지 비어포스트에서 '백만맥덕 양성 프로젝트'의 일환으로 진행하고 있는 맥주학교는 맥주가 주는 즐거움을 많은 사람들과 나눌 목적으로 탄생했는데, 여기 학생들 중에 맥주 책을 펴낼 것이라고는 상상도 못했다. 전국의 맥주 양조장을 돌아다니면서 글을 쓰고 그림을 그리는 이들의 모습을 보고 기특하기도 하고 맥주로 인연이 되어 책을 만들고 이 책으로 인연이 되어 맥주를 만나는 사람들이 많아지기를 바란다. 좋은 사람들 만나려면 맥주를 마시라고 권하고 싶다. 어떤 맥주를 마셔야 하는지 알고 싶다면 이 책을 읽기를 바란다.

-월간 『비어포스트』 발행인, 한겨레맥주학교 교장 이인기

**'맥주로 덕업일치' 하세요**

2년 전 여름, 맥주에 대해 더 많이 알고, 배우고 싶어하는 분들이 많다는 첩보(?)를 입수했습니다. 맥주학교 개교를 준비할 때만 해도 '백만맥덕'은 생소한 단어였습니다. 맥주 시장에 과연 새 바람이 불 수 있을까? 하지만 2년도 채 되지 않아 마트와 편의점에서 다양한 맥주를 접할 수 있게 되었고, 다양한 맥주만큼이나 맥주에 대한 기호와 관심이 뚜렷해져 가히 '맥주 앓이'를 하는 이들이 많아졌습니다. 어쩌면 '맥주'라는 단어를 들으면 긴장이 풀리고 마음이 저절로 느긋해지며 어디선가 에너지가 샘솟는, '맥주'라는 단어가 가지는 본래의 힘이 현대인들에게 통한 것인지도 모릅니다. 맥주 열풍은 쉽게 가라앉지 않을 것 같습니다. 맥주학교를 찾아온 많은 분들의 열정적이면서도 진지한 눈빛만 봐도 알 수 있습니다. 다양한 재료가 협동하여 맥주가 만들어지는 것처럼 여럿이 모여 함께

즐기는 맥주가 더 맛있기 때문이기도 합니다. 오윤희, 원관연 두 분의 브루어리 투어를 언제나 응원합니다. 많은 분들이 맥주로 행복해질 수 있도록 좋은 길잡이가 되어 주셔서 감사합니다.

-한겨레교육문화센터 맥주학교 김진주 매니저

## 작지만 확실한 행복을 위하여

'소확행'이란 이런 게 아닐까 싶습니다! 독자들은 이 책을 통해 힐링 스토리를 담은 한편의 영화 속 주인공이 되는 경험을 할 수 있습니다. 여유가 주어진다면 꼭 글쓴이의 여행 코스를 따라 전국으로 떠나고 싶다는 생각이 머릿속을 맴돕니다. '수제 맥주'를 주제로 전국의 브루어리를 여행하며 생각과 경험을 적절히 대비시켜 이야기를 풀어낸 글쓴이에게 찬사를 보냅니다. 그리고 이 책을 만들기 위해 애쓰신 분들에게도 국내의 수제맥주업체들을 대신해 감사 인사를 전합니다.

-(사)한국수제맥주협회 회장, 바이젠하우스 대표 임성빈

## 벗 삼아 '혼맥'하기 좋은 책

『논어』의 첫 장에 나오는 '벗이 먼 곳에서 찾아오면 즐겁지 않은가'라는 문장을 좋아합니다. 벗과 함께 즐기기에 더없이 좋은 게 바로 맥주죠. 더구나 오랜만에 만난 친구라면, 그 동안 쌓인 어색함을 풀기에 술만큼 효과 만점인 게 없습니다. 오윤희 님의 『오늘은 수제 맥주』는 읽는 내내 전국으로 뿔뿔이 흩어진 친구들을 떠올리게 한 책입니다. 대한민국 곳곳에 훌륭한 브루어리가 이렇게나 많다는 사실을 깨닫게 한 고마운 책인데요. 단순히 이곳에 가면 이런 브루어리가 있다고 소개하는데 끝나지 않고, 저자의 삶을 녹여내어 가이드북에서 느끼기 힘든 온기마저 담았습니다. 함께 술 마실 친구가 없다면, 이 책을 벗 삼아 혼자서 맥주를

음미해도 괜찮겠습니다. 첫 맛은 시원하고, 끝 맛은 따스할 겁니다. 아, 지나친 음주는 우정에 해롭다는 이야기는 굳이 덧붙이지 않아도 되겠죠?

-예스24 손민규 인문 사회 종교 MD

## 새로운 앎의 지평을 열어 줄 책

4년 전 소중한 인연으로 만난 필자는 맥주와 무관한 분야의 직장인이었다. 하지만 필자만의 맥주 사랑과 맑은 열정은, 좋은 술의 향긋한 숙성 기간과 더불어 맥주 전문 여행 작가로 그녀를 탄탄히 성장시켜 주었고 언제 머금어도 맛있는 나채로운 책을 만들어 주었다. 더불어 맥주라면 대중화된 브랜드만을 알고 있던 나에게, 이 책은 새로운 앎의 지평과 고마운 가능성을 열어주었다. 이 책이 맥주 전문 여행 작가로 단단히 뿌리내리게 해줄 것으로 희망하며 마음 깊이 응원한다.

-아트인사이트 박형주 대표

## 책을 덮고 나니 목이 탄다

세상에서 가장 맛있는 맥주는 낯선 여행지에서 꿀꺽꿀꺽 넘기는 맥주다. 맥주와 여행은 라면과 김치만큼이나 환상적인 궁합을 자랑하니까. 하물며 맥주를 마시기 위해 떠난 곳에서 삼키는 맥주는 얼마나 달콤할까? 책을 덮고 나니 목이 탔다. 얼른 떠나고 싶어졌다. 굳이 비행기표를 끊지 않아도 된다고 말해주는 이 책이 새삼 고맙다.

-서울신문 맥덕기자 심현희

# 목차

지은이의 말 4
추천의 글 6


**INTRO 1** 맥주 맛을 더해주는 교양 상식 '알쓸신맥' 9가지 15
맥주는 무엇으로 만들까? 16
무엇이 맥주의 맛과 색, 향을 결정하는가? 18
인류는 언제부터 맥주를 마셨을까? 20
중세 수도원, 맥주 발전의 1등 공신 21
맥주를 만나기 위해서는 9단계가 필요하다 22
맥주를 맛있게 마시는 방법 24
한국 맥주는 언제부터 시작됐을까? 26
크래프트 비어가 대체 뭐야? 26
알아두면 좋을 핵심 맥주 용어 27


**INTRO 2** 맥주 궁합, 당신에게 맞는 맥주를 찾아보세요 30

**MAIN TEXT** 수제 맥주 브루어리와 탭룸, 비어 펍 올 가이드

# 서울
## Seoul

**구스 아일랜드 브루하우스_역삼동** 36
**빈센트 반 골로 브루어리_신사동** 42
**가로수 브루잉 컴퍼니_신사동** 48
**홉머리 브루잉 컴퍼니_신사동** 52
**베베양조_삼성동** 56
**슈타인도르프_방이동** 62
**어메이징 브루잉 컴퍼니_성수동** 68
**미스터리 브루잉 컴퍼니_공덕동** 74
**더 쎄를라잇 브루잉 컴퍼니_가산동** 80
**브로이하우스 바네하임_공릉동** 84

# 인천·경기도
## INCHEON·GYEONGIDO

칼리가리 브루잉_인천 90

더 부스 판교 브루어리_판교 94

더 테이블 브루잉 컴퍼니_일산 100

플레이그라운드 브루어리_일산 106

레비 브루잉 컴퍼니_수원 112

더 핸드앤몰트_남양주 116

카브루_가평 120

히든 트랙_양주 126

아트 몬스터 브루어리_군포 130

크래머리_안산 134

까마귀 브루잉_오산 138

# 강원도
## GANGWONDO

버드나무 브루어리_강릉 144

크래프트 루트_속초 150

세븐 브로이_횡성 156

브로이하우스_원주 160

# 대전·충청도
## DAEJEON·CHUNGCHEONGDO

**더 랜치 브루잉 컴퍼니**_대전 166

**바이젠하우스**_공주 170

**브루어리 304**_아산 176

**칠홉스 브루잉**_서산 180

**코리아 크래프트 브루어리**_음성 184

**플래티넘 크래프트 맥주**_증평 190

**뱅크 크릭 브루잉**_제천 194

# 광주·전라도
## GWANGJU·JEOLLADO

**무등산 브루어리**_광주 200

**담주 브로이**_담양 206

**파머스 맥주**_고창 210

# 부산
## BUSAN

**와일드 웨이브 브루잉**_송정동 216

**고릴라 브루잉 컴퍼니**_광안동 222

**갈매기 브루잉 컴퍼니**_남천동 228

**어드밴스드 브루잉**_기장읍 232

# 경상도·울산
## GYEONGSANGDO·ULSAN

**가나다라 브루어리**_문경 238
**안동맥주**_안동 244
**화수 브루어리** 울산 248
**트레비어**_울산 252

# 제주도
## JEJU ISLAND

**제주맥주**_한림읍 258
**사우스바운더 브로잉 컴퍼니**_중문 264
**맥파이 브루어리**_제주시 268
**제주지앵**_제주시 272
**제스피**_남원읍 276

**특별부록** 280
알아두면 쓸모 많은 맥주 용어 사전 281
우리나라 수제 맥주 지도 296
수제 맥주 브루어리와 탭룸, 비어 펍 리스트 298
브루어리 할인 쿠폰과 굿즈 증정 쿠폰 309

# 맥주 맛을 더해주는 교양 상식 '알쓸신맥' 9가지

맥주는 무엇으로 만들까?
무엇이 맥주의 맛과 색, 향을 결정하는가?
인류는 언제부터 맥주를 마셨을까?
중세 수도원, 맥주 발전의 1등 공신
맥주를 만나기 위해서는 9단계가 필요하다.
맥주를 맛있게 마시는 방법
한국 맥주는 언제부터 시작됐을까?
크래프트 비어가 대체 뭐야?
알아두면 좋을 핵심 맥주 용어

세상엔 알아두면 더 많이, 더 깊이 즐길 수 있는 게 많다. 벨 에포크 시대와 헤밍웨이를 알고 가면 파리 여행이 더 깊어지고, 가우디의 생애를 알고 나면 성가족 성당과 구엘 공원이 더 절실하게 다가온다. 맥주도 마찬가지다. 맥주를 더 감각하고 즐기게 해줄 '알쓸신맥' 9가지를 소개한다.

# 01 맥주는 무엇으로 만들까?

맥주도 사람처럼 몸과 마음과 영혼, 그리고 멋이 있다. 맥주가 탄생하기 위해서는
필수 원료 네 가지가 필요하다. 바로 물, 맥아, 효모, 그리고 홉이다.

## water
### 물_맥주의 몸

사람의 수분량이 체중의 약 60% 이상이듯, 맥주도 원료의
90~95%가 물이다. 흔히 맥주를 액체 빵이라고 부르는 이
유이다. 좋은 물을 사용하면 좋은 맥주가 나오는 법이다. 어
떤 물을 사용하느냐에 따라 맥주 맛도 다르다. 물은 칼슘 이
온과 마그네슘 이온의 많고 적음에 따라 경수Hardwater와 연
수Softwater로 나뉜다. 우리가 잘 아는 필스너는 체코 플젠Plzen
지역 물을 사용하는데 이곳의 물은 미네랄과 염분이 적은 연
수였다. 이 연수로 깔끔한 맛을 구현하는 라거를 탄생시켰다.
반대로 독일 맥주 고제Gose는 미네랄이 풍부하고 염도가 높
은 고제Gose 강물로 만들었다. 경수로 만든 맥주라 바디감이
강하고, 젖산과 소금을 첨가해 시고 짠맛이 난다.

## malt
### 맥아_맥주의 마음

맥주의 주원료인 보리를 뜨거운 물에 담가 놓으면 맥아Malt,
Malt로 변신한다. 맥아란 보리 또는 밀의 싹을 틔워 말린 것으
로 우리 말로는 엿기름이라 부른다. 맥아는 단백질, 당, 미네
랄 등 맥주 성분을 채워주는 베이스 맥아Base Malt와 맥주의 색
과 향, 풍미를 더해주는 특수 맥아Speciality Malt가 있다. 이외에
도 옥수수나 귀리, 쌀과 호밀, 수수 같은 곡물이 사용되기도
한다. 맥아를 볶는 정도에 따라 맛과 향, 빛깔을 다양하게 변
주할 수 있다. 마음 먹기 따라 얼마든지 차별적인 맥주를 만
들 수 있는 매력적인 재료다.

## yeast
효모_맥주의 영혼

사람에 비유하면 효모Yeast는 영혼 같은 존재이다. 효모는 맥주의 발효를 담당한다. 효모란 빵, 맥주, 와인을 만들 때 사용하는 발효 물질이 미생물의 총칭이다. 효모는 맥아에서 추출된 맥아당Sugar을 발효시켜 알코올과 탄산가스로 만들어준다. 효모는 그리스어로 '끓는다'는 뜻이다. 효모가 맥아의 당을 발효시키면 거품이 많이 나는데 그 모습이 '끓는' 것처럼 보여 이런 이름을 얻었다.

효모는 보통 배양하여 사용한다. 효모 가운데 야생 효모Wild-yeast라는 게 있다. 야생 효모는 공기 같은 여러 외부 요인으로 만들어진 자연 효모로 주로 람빅Lambic이나 와일드에일Wildale 같은 맥주에 사용된다.

## hop
홉_맥주의 멋

홉Hop은 맥주 특유의 향과 쌉쌀한 맛을 내는 역할을 한다. 사람에 비유하면 멋을 내게 해주는 재료이다. 뽕나무과 여러해살이 덩굴식물로 종류가 다양하다. 홉의 암꽃을 사용헤 맥주에 멋을 부린다. 수확 시기는 8월 말~9월 초이다. 홉은 향과 쓴맛을 내줄 뿐만 아니라 단백질의 혼탁을 막아 맥주를 맑게 하고, 잡균의 번식도 막아준다. 홉을 최초로 재배한 곳은 736년 독일 할러타우 지역이다. 당시의 홉은 우블롱Houblon이라 전해지고 있다. 크래프트 비어에 많이 활용되는 홉은 케스케이드Cascade, 센터니얼Centennial, 시트라Citra, 갤럭시Galaxy, 모자이크Mosaic, 모자익, 사츠Saaz, 심코Simcoe, 소라이 에이스Sorachi Ace등이 있다.

무엇이 맥주의 맛과 색, 향을 결정하는가?

사람이든 맥주든 첫인상이 가장 중요한 법. 맥주의 첫인상은 바로 맛과 색 그리고 향이 결정한다. 이들을 결정하는 요인은 맥주의 재료인 맥아, 홉, 발효 방법이다.

## malt

### 맥아_ 1차적으로 맛과 색, 향을 결정한다

1차적으로 맥주는 맥아의 종류와 볶는 정도에 따라 맛과 색, 향이 달라진다. 생두를 얼마나 볶느냐에 따라 커피의 맛과 색, 향이 달라지는 것과 같다. 맥아의 종류와 볶은 정도에 따라 부드러운 과일 맛부터 커피, 캐러멜, 초콜릿과 같은 진한 맛까지 낼 수 있다.

## fermentation

### 발효_발효 온도에 따라 바디감이 결정된다

맥주의 발효 방법은 EXID의 <위아래> 노래 가사를 생각하면 된다. 간단히 말해 높은 온도섭씨 18~25도에서 발효하는 상면 발효 맥주와 낮은 온도섭씨7~15도에서 발효하는 하면 발효 맥주로 나뉜다. 상면 발효는 에일Ale, 하면 발효는 라거Lager가 대표적이다. 그 외에서 람빅Lambic이 있는데, 상면 발효를 했지만 박테리아를 이용해 한 번 더 발효시킨 맥주이다.

상면 발효는 상대적으로 높은 온도에서 발효되기 때문에 효모가 더 활발하게 활동한다. 라거에 비해 향이 풍부하고, 홉의 진한 쓴 맛을 느낄 수 있다. 영국의 포터, 아일랜드의 기네스, 벨기에의 호가든, 독일의 바이스비어와 쾰쉬가 대표적인 에일 맥주이다. 약 1만년 전 맥주 발견 초기부터 시작된 양조법이다. 크래프트 비어 중에는 상면 발효 맥주가 많다. 그 이유는 맛과 향, 색깔을 다양화하여 차별적인 맥주를 만들기 더 좋기 때문이다.

하면 발효 맥주는 흔히 라거 맥주라고 부른다. 섭씨 7~15도 사이 낮은 온도에서 서서히 발효시키고, 발효가 끝난 효모가 아래로 가라앉기 때문에 하면 발효 맥주라고 부른다. 빛깔은 붉은 횡금빛을 띠고 에일에 비해 맛이 담백하고 청량감이 강하다. 상면 발효 맥주가 튀고 강한 풍미가 인상적이라면, 하면 발효 맥주는 오래 깔끔하게 마실 수 있다. 필스너, 카스, 삿포로, 아사히 등 시중에 대량으로 유통되는 맥주 대부분이 라거 맥주이다.

## hop

### 홉_맛과 향을 최종 결정한다

맥주의 꽃이라 불리는 홉은 작은 꽃이지만 그 힘은 막강하다. 홉은 뽕나무과 덩굴식물로, 이 홉의 암꽃을 맥주 재료로 사용한다. 홉은 맥주 맛과 향을 결정하는 데 큰 역할을 한다. 홉은 맥즙을 끓일 때 넣는데 이 때 쓴 맛과 향을 만들어 낸다. 품종도 여러가지이며 각자 고유한 특성과 풍미를 지녀 싱글 홉으로도, 여러 홉을 섞어 사용하기도 한다. 쉽게 말해 차와 차를 혼합하여 다양한 차를 만들어 내 듯 홉 또한 여러 조합으로 가지각색의 향과 맛을 구현할 수 있다. 이외에도 젖산, 소금 같은 부가물을 첨가하여 맛의 변화를 주기도 한다. 대표적인 맥주가 젖산을 추가하여 신맛을 강화한 사우어 비어 Sour Beer이다.

한마디로 맥주는 맥아, 발효, 홉에 따라, 그리고 부가 첨가물에 따라 맛과 향, 빛깔을 수십, 수백 가지까지 변주할 수 있다.

## 03 인류는 언제부터 맥주를 마셨을까?

맥주의 기원이 언제인지 정확히 알 수는 없다. 다만 기원전 1만년 경, 유목 생활에서 정착 생활로 바뀌는 과정에서 탄생했다고 보는 것이 정설이다. 고고학적 조사에 따르면, 터키 중남부 괴베클리 테페에 1만년 전 맥주 유적이 남아 있다. 당시엔 제사와 축제의 용도뿐 아니라 정착 생활로 오염된 물 대신 음료로 마셨다. 맥주의 어원인 비베레Bibere의 뜻에서도 이를 알 수 있다. 비베레는 라틴어로 음료, 마시다라는 뜻이다.

맥주에 관한 첫 기록은 기원전 4천년 전 메소포타미아 문명의 한 부류인 수메르 시대의 비석에서 찾을 수 있다. 비석에 맥주의 여신 닌카시를 찬양하는 시가 나오는데, 그 안에 맥주를 만든 법과 작업에 참여한 인부들에게 맥주를 제공하라는 문구가 나온다.

함무라비법전기원전 1750년경 바빌로니아의 함무라비 왕이 말년에 만든 성문법 기록에는 맥주와 관련된 조항이 나온다. 이때 이미 양조장과 비어 홀도 있었다. 당시 법령에 맥주와 관련된 조항이 명시되었던 사실을 유추해 보면, 지금과 다를 바 없이 시민들이 일상적으로 맥주를 즐겼음을 알 수 있다. 이후 맥주는 이집트, 페니키아를 거쳐 고대 그리스와 로마로, 그리고 전 세계로 전파되었다.

## 04 중세 수도원, 맥주 발전의 1등 공신

중세 유럽에서는 수도원이 맥주 발전에 큰 공을 세웠다. 당시 수도원은 재정적인 독립을 위해 양조장과 양조 전문가를 두고 맥주를 만들었다. 15세기에 하면 발효 기술그 이전의 모든 맥주는 상면 발효, 즉 에일 타입 맥주였다.을 개발한 것도 바이에른의 베네딕트 수도원이었다. 세계에서 가장 오래된 양조장 바이헨슈테판Weihenstephan 또한 독일 바이에른주 프라이징Freising 시에 있는 수도원이다. 독일 뮌헨의 유명한 양조장이자 비어 홀 아우구스티너 켈러, 맥주 회사 파울라너바오로도 수도원에 뿌리를 두고 있다. 더불어 수도사는 전문 기술을 가진 양조사였다. 수도원 맥주는 이후 민간에 전파되어 맥주 바람을 불러 일으켰다. 이때까지 맥주는 자연 상태의 효모로 즙을 발효시키는 자연 발효법으로 양조를 하였다. 1800년대 중반 파스퇴

르가 효모를 발견하게 되면서 현재처럼 이스트를 배양하여 맥주를 발효시켰다.

수도원에서 만드는 맥주를 트라피스트 에일Trappist Ale이라 부른다. 아주 귀한 대접을 받는 맥주이다. 이 맥주는 지금처럼 즐기기 위해서가 아니라, 수도사들의 수도 생활을 위해 만들었다. 금욕적인 생활을 하는 수도사들이 사순절 같은 단식 기간에 영양 보충 용도로 마시거나 손님을 대접할 때 사용했다. 트라피스트 에일은 11군데에서 생산된다. 벨기에 6곳, 네덜란드 2곳, 오스트리아 1곳, 이탈리아 1곳, 미국에 1곳이 있다. 트라피스트 맥주가 되려면 세 가지 요건을 갖춰야 한다. 첫째, 수도원내 또는 수도원 인근에서만 생산할 것. 둘째, 수도원에서 정책과 생산을 결정하고, 적합한 생산 과정이 입증되어야 하며, 수도원 생활 방식에 맞아야 할 것. 셋째, 수익은 지역 사회와 복지를 위해서 사용해야 할 것 등이다. 신의 가호와 인류애가 담긴 의미 있는 맥주다. 트라피스트의 맥주는 알코올 도수에 따라 엥켈Enkel, 듀벨Dubbel, 트리펠Triffel, 쿼드루펠Quadrupel 등 4가지로 나뉜다.

#  맥주의 양조 과정
**맥주를 만나기 위해서는 아홉 단계가 필요하다**

한땀한땀 장인의 손을 거친 명품은 그 가치를 인정 받는다. 맥주 또한 그렇다. 아홉 단계의 오랜 여정을 거쳐서야 비로소 맥주를 마실 수 있다.

### ❶ 분쇄
맥즙을 만들기 위해 맥아몰트를 분쇄하는 과정이다. 보리 맥아를 곱게 갈아야 다음 단계로 넘어갈 수 있다.

### ❷ 당화
분쇄한 맥아와 약 70℃의 물을 통Mash tun, 맥아즙 통, 엿기름 통에 넣고 당을 우려내는 과정이다. 이때 맥아가 당분으로 변한다. 맥즙, 우리 말로 감주를 만드는 과정이다. 약 1시간 동안 진행한다.

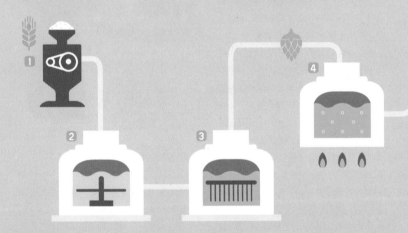

### ❸ 여과
깨끗한 맥즙을 얻기 위하여 맥아즙 여과기Lauter tun, 맥아즙을 흘려 보낼 수 있게 만든 용기에 정밀 여과판을 설치하여 불순물을 제거하는 과정이다. 여과판에 남은 찌꺼기는 뜨거운 물을 흘려보내 마지막 남은 당분까지 여과시킨다. 이를 스파징 Sparging이라 한다.

### ❹ 끓이기
맥즙에 홉을 넣고 끓이는 과정이다. 맥주의 쓴맛과 향아로마을 얻는 중요한 과정이다. 특유의 쓴맛과 향을 강화하기 위해 홉을 여러 번 넣기도 한다. 끓이는 과정에서 향·맛·색이 다시 형성되고, 맥즙이 살균된다.

## 5 침전

홉을 첨가한 맥즙을 침전조에 넣고 돌리는 과정. 이 단계에서 홉과 함께 응고되어 섞여 있던 단백질과 기타 불순물이 제거된다.

## 6 냉각

맥즙에 효모를 넣을 준비를 하는 과정이다. 효모를 첨가하려면 맥즙이 발효되기 적당한 온도까지 냉각시켜야 한다. 맥즙은 열교환기를 사용해 냉각시킨다.

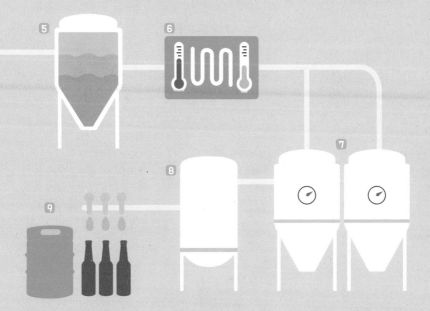

## 7 발효

맥즙을 발효 탱크로 이동시킨 후 효모를 첨가하는 과정. 효모와 산소를 넣어 발효시킨다. 이 과정에서 알코올과 탄산가스가 만들어지고 맥주가 완성 단계로 나아간다.

## 8 숙성 및 저장

효모의 역할이 끝나면 맥주를 거의 얼 정도로 냉각시킨 후 숙성 탱크로 옮긴다. 발효가 끝난 맥주를 2~3주 동안 저온에서 숙성시키고 부산물도 제거한다. 이때 여과도 지속되며, 탄산화 과정이 진행된다.

## 9 포장 및 판매

숙성과 저장 과정을 거친 맥주는 캔, 병, 케그에 담겨 탭룸으로 유통된다. 지금 당신이 마시는 그 맥주가 바로 이 아홉 단계를 모두 거쳐 온 귀한 주인공이다.

# 맥주를 맛있게 마시는 3가지 방법

## ❶ 전용 잔에 마시면 더 맛있다

맥주엔 궁합이 맞는 전용 잔이 있다. 맥주 스타일에 따라 전용 잔에 마시면 후각과 미각, 시각, 촉각 청각을 더 깊이 느끼며, 더 즐겁게 마실 수 있다. 당신의 오감을 살려줄 맥주잔을 골라보자.

**파인트Pint**
**가장 흔한 맥주잔**
파인트Pint는 우리가 아는 일반적인 맥주잔이다. 실용적이지만 멋스럽게 마시기엔 다소 아쉬움이 있다.

**슈탕에Stange**
**쾰쉬 맥주에 어울린다**
슈탕에Stange는 길고 가는 잔을 말한다. 독일 쾰쉬 맥주를 마실 때 주로 사용한다.

**슈타인Stein**
**500cc 생맥주 잔**
큰 손잡이가 달린 잔으로, 생맥주를 마실 때 흔히 볼 수 있다. 500cc 이상 많은 양을 담아낼 때 사용한다.

**필스너Pisner**
**탄산이 강한 맥주에 어울린다**
혹시 길다란 잔을 봤다면, 그 잔은 필스너Pisner다. 탄산이 강한 맥주와 맥주가 가진 본연의 색을 살리기 좋다.

**고블릿Goblet**
**다리가 달린 술잔**
고블릿Goblet은 아래에 받침술 잔 다리가 있는 잔이다. 클래식한 외관 덕분에 우아하게 보인다. 벨기에 에일처럼 향과 거품이 묵직한 맥주에 잘 어울린다.

**튤립Tulip**
**몰트 본연의 맛을 느끼고 싶다면**
생김새가 튤립Tulip처럼 생겨서 붙은 이름이다. 맥주 향과 거품을 두텁게 잡아주는 특징이 있다. 몰트에 치중한 맥주라면, 이 맥주잔에 마셔보자.

### 스니프터 Snifter

**도수가 높은 맥주에 좋다**

스니프터는 풍선 모양으로 생긴 높이가 낮은 잔으로 알코올 도수가 높은 임페리얼 스타우나 더블 IPA와 같은 맥주에 어울리는 잔이다. 잔을 흔들어 향을 맡는 것을 스월링 Swirling이라 하는데 스니프터로 스월링할 때 가장 우아하게 느껴진다.

### 바이젠 글래스 Weizen Glass

**헤페바이젠에 어울린다**

이름처럼 바이젠 글래스는 헤페바이젠을 위한 맥주잔이다. 컵 위로 맥주 거품이 솟아올라 귀여운 왕관 모양을 이룬다. 마시는 순간 거품을 한껏 입에 묻힐 수 있는 잔이다.

### 노닉 파인트 Nonick Pint

**영국식 에일에 좋다**

맥주 잔 중상단, 엄지와 검지가 닿는 부분이 볼록 튀어나온 산를 노닉 파인트라 부른다. 볼록한 구조 때문에 잔 상단에 흠집이 잘 나지 않는데, 이런 이유로 노 닉 no nick, 흠집 없음이라 불린다. 그립 감이 좋다. 영국식 에일에 어울린다.

## ❷ 입이 아니라 오감으로 마시자

이제 우리의 감각을 일깨워보자. 맥주를 마시기 전에 먼저 잔과 맥주의 빛깔을 감상하자. 그 다음엔 살짝 잔을 흔들며 입구에 코를 대고 향을 맡아보자. 다음으로, 혀의 감각에 집중하여 목으로 넘어갈 때까지 조금씩 맛을 느껴보자. 홉의 쓴맛과 맥아의 단맛, 몰트·홉·발효가 빚은 바디감, 그리고 알코올 맛을 느낄 수 있을 것이다. 시작 맛부터 중간을 넘어 끝 맛까지, 맥주의 바디감과 오묘한 향, 탄산까지 입안에서 맥주의 향연이 펼쳐지는 걸 느꼈다면, 이를 짧게나마 말로 표현해보자. 메모를 한다면 더욱 좋겠다. 당신의 미각을 기록한다면 더 깊이, 더 다양하게, 더 즐겁게 맥주를 느낄 수 있을 것이다.

## ❸ 신선함을 포기하지 말자

맥주의 맛을 제대로 느끼려면 신선도를 포기해서는 안 된다. 맥주를 고를 때는 제조일을 확인하자. 신선할수록 탄산과 디테일한 풍미를 느낄 수 있다. 맥주는 온도별로 느끼는 맛도 다르다. 차갑게, 시원하게 등 온도 별로 차이에서 오는 느낌도 세심하게 즐겨보자.

## 07 한국 맥주는 언제부터 시작됐을까?

그렇다면 우리는 언제부터 맥주를 마셨을까? 시작은 1876년으로 거슬러 올라간다. 조선 후기 강화도 조약 체결 이후 최초로 맥주가 소개되었다. 일제강점기 시절에는 일본 맥주가 본격적으로 수입되기 시작하였다. 한국에서 맥주가 생산되기 시작한 것은 1938년 8월이다. 우리가 잘 아는 삿포로 맥주가 조선맥주를 설립하면서 비로소 한글로 된 맥주가 탄생하였다. 이후 주세법 개정으로 맥주는 다사다난한 시간을 보내게 된다. 맥주가 다시 활기를 되찾은 건 2002년 한일월드컵 때다. 하우스 맥주라 불리던 독일 타입 맥주를 직접 양조하여 판매하는 곳이 전국에 생겨났다. 수제 맥주가 소비자들과 거리를 좁힌 시기이기도 하다. 이후 그 열기가 차츰 사그라들다 2017년 7월, 수제 맥주가 청와대 만찬주로 선정되면서 다시 한 번 전성시대가 왔다. 2018년 1월, 주세법 시행령 개정안이 발표되면서 4월부터 소규모 맥주 제조자의 소매 유통이 허용되고, 주류 첨가물 범위도 확대되었다. 이제 일상 가까이에서 수제 맥주를 맛볼 수 있게 되었다.

## 08 크래프트 비어가 대체 뭐야?

흔히 수제 맥주라고 부른다. 전통 맥주를 재해석하여 맛에 새로운 바람을 일으키는 맥주를 말한다. 다시 말해 레시피가 창의적이고 브루어들의 이야기가 담긴 가지각색의 다양한 맥주를 일컫는다. 크래프트 비어Craft Beer의 사전적 의미는 독립 자본으로 경영하는 소규모 양조장연간 7억 리터, 600만 배럴 이하에서 몰트 100%로 양조하거나, 또는 첨가물을 사용하여 풍미를 차별화한 맥주를 말한다. 미국양조가협회American Brewers Association에서는 크래프트 양조가가 만든 맥주를 말한다. 크래프트 비어는 독립, 소규모, 전통의 재해석, 또는 혁신이라는 의미를 담고 있다.

크래프트 비어는 우리에게 새로운 미각을 일깨워주는 존재다. 특히 크래프트 비어는 양조를 하고 맥주도 판매하는 브루펍Brewpub 형태가 많아 소비자와 만날 수 있는 거리가 대기업 맥주보다 가깝다. 요즘엔 지방마다 브루펍이 많이 생겨 여행을 가거나 일상에서 쉽게 만날 수 있다. 지역의 특산물을 활용하거나 지역 브루어리가 협업하여 양조한 콜라보 맥주도 속속 등장하고 있다. 2018년 3월 말 기준 전국의 브루어리는 70여 개이다.

# 09 알아두면 좋을 핵심 맥주 용어

## 브루펍Brewpub

브루어리와 술집, 즉 양조장과 비어 펍이 공존
하는 공간. 양조장과 맥주를 파는 펍또는 탭룸을
한 장소에서 동시에 운영하는 복합 공간을 이
르는 말이다. 양조뿐만 아니라 고객들을 위한
다양한 이벤트도 진행할 수 있는 문화 공간이
다. 우리나라의 크래프트 브루어리 대부분이
양조장 옆에 펍을 두고 있다.

## 비어탭Beertap

맥주를 따르는 수도꼭지를 비어탭이라 한다. 탭이 구비된 펍을 탭룸Taproom이라 한다.

## IBU

International Bitterness Units의 줄임말로 맥주가 얼마나 쓴 지 알 수 있는 지수다. 맥주의
이소알파산의 농도가 기준이 된다. IBU 뒤에 붙는 숫자가 높을수록 쓴맛이 강하다. 홉을 많
이 사용하면 IBU가 높아진다. 일반적인 맥주의 IBU 지수는 20 안팎이다. 호피한 맛이 특징인
미국식 인디아 페일 에일American India Pale Ale은 IBU가 대략 60이다. 바이젠Weizen은 약 10 정
도로 비교적 낮은 편이다. IBU가 높을수록 밸런스보다 강하면서도 인상적인 맛을 느낄 수 있
다. 한 예로 덴마크의 집시 브루어리 믹켈러Mikkeller는 1000 IBU까지 나오는 맥주를 만든 독
특한 이력이 있다.

## ABV

Alcohol by Volume의 줄임말이다. 맥주 안에 얼마나 많은 알코올이 들어가 있는가를 나타내
는 지수다. ABV는 액체 비중계로 측정 가능하며, 섭씨 20도 기준 100ml 내 에탄올 수치를 백
분율로 표시한다. 만약 500ml 캔맥주에 알코올 함유량이 5%라고 표기되어 있다면, 500ml의
맥주 중에서 25ml가 알코올인 셈이다. 알코올 함량이 높을수록 더 달콤하고 바디감 있는 맛을
낸다. 일반적인 맥주의 ABV는 4%에서 15% 사이다. 하지만 크래프트 비어는 이를 벗어난 재
치 있는 도전을 많이 한다. 현재 세계에서 가장 독한 맥주로 기록된 것은 스코틀랜드 양조회
사 브루마이터스Brewmeister에서 만든 아마겟돈Amageddon이다. 알코올 함량이 무려 65%이다.

## SRM

Standard Reference Method의 줄임말로 맥주의 색상을 구분해 주는 지수다. 미국에서 보편적으로 사용하는 지수로 1부터 40까지 구분되어 있으며, 숫자가 커질수록 맥주 색상이 진해진다. 예를 들어 SRM 3정도면 황금색, 10 이상이면 갈색, 30 이상이면 다크 계열로 보면 된다. 유럽에서는 EBCEuropean Brewing Convention를 주로 사용하는데 SRM보다 디테일하게 구분되어 있다. 맥아의 색상만 구분하는 로비본드Lovibond도 있는데, SRM과 EBC가 대중화되면서 현재는 거의 사용하지 않고 있다.

| 1 | 2 | 3 | 4 | 5 | 6 | 7 | 8 | 9 | 10 |
| 11 | 12 | 13 | 14 | 15 | 16 | 17 | 18 | 19 | 20 |
| 21 | 22 | 23 | 24 | 25 | 26 | 27 | 28 | 29 | 30 |
| 31 | 32 | 33 | 34 | 35 | 36 | 37 | 38 | 39 | 40 |

## 맥주순수령

순수한 맥주의 정의를 내린 독일의 법령이다. 오로지 보리와 물, 홉으로만 만들어야 한다는 정통 방식을 1516년 4월 23일, 독일 잉골슈타트에서 개최된 주 의회에서 바이에른 공작 빌헬름 4세가 공표한 법이다. 독일어로는 Reinheisgebot, 영어로는 German Beer Purity Law라 불린다. 당시 맥주순수령 공표 배경은 크게 두 가지이다. 첫째는, 밀과 호밀을 맥주 양조에 사용하지 못하게 하기 위해서였다. 빵의 원료인 밀과 호밀의 가격을 안정시켜 국가 운영을 순조롭게 하기 위하여 보리로만 맥주를 만들게 한 것이다. 둘째는, 검증된 재료만 사용하여 질 낮은 맥주를 만들지 못하게 하기 위해서였다.

순수령 원문에는 효모에 관한 내용이 없다. 그 당시엔 아직 효모의 존재를 알지 못했기 때문이다. 파스퇴르가 효모를 발견한 1800년대 중반 이후 개정된 맥주순수령에는 효모가 더해졌다. 공표 당시 바이에른 주만 적용이 되다, 프로이센이 독일을 통일한 이후인 1906년에 독일 전역으로 순수령이 확대되었다, 1993년에 폐지되었다. 하지만 지금도 독일에서는 순수령에 따른 맥주를 만날 수 있다. 순수령 덕분에 뮌헨을 중심으로 한 독일 남부는 세계에서 가장 품질이 좋은 맥주를 생산하게 되었다. 세계 3대 축제 중 하나인 뮌헨 옥토버페스트가 이를 증명해준다.

## 굿 플레이버

굿 플레이버Good Flavor란 맥주의 네 가지 재료가 조화를 잘 이루고, 보관이 잘 된 맥주를 표현할때 사용한다. 이런 맥주는 향기를 맡는 순간부터 목으로 넘기는 순간까지 미각을 즐겁게 자극한다. 한마디로 미감을 잘 표현할 수 있는 좋은 맥주를 말한다.

## 이취

영어로는 Off Flavor라고 한다. 음식에서처럼 맥주에서 느껴지는 이상하고 바람직하지 않은 맛과 향 등을 의미한다. 이취가 나는 원인은 다양하다. 맥주 자체의 화학적 변화에서 일어나기도 하고, 외부 요인으로 발생하기도 한다. 이취가 나는 맥주는 불쾌감을 유발한다. 이취가 나지 않고 다양하고 좋은 맛이 나야 제대로 된 맥주다.

---

📖 참고 도서

맥주의 모든 것, 조슈아 M. 번스타임 지음, 푸른숲
만화로 보는 맥주의 역사, 조너선 헤니시 외 지음, 계단
그때, 맥주가 있었다, 미카 리싸넨 외 지음, 니케북스
맥주 스타일 사전, 김만제 지음, 영진닷컴
대한민국 수제맥주 가이드북, 비어포스트 지음, 비어포스트

# 맥주 궁합,
# 당신에게 맞는 맥주를
# 찾아보세요

맥주 종류가 다양해졌다. 필스너·페일 에일·IPA·바이젠·스타우트·사우어……. 게다가 맛과 향, 빛깔까지 달라 무엇을 골라야 할 지 망설여진다. 그래서 준비했다. 당신에게 어울리는 맥주 스타일을 소개한다. 이제, 수제 맥주 펍에서도 자신 있게 메뉴판을 펼치자.

## 봄처럼
### 가볍고 부드러운 맥주를
### 마시고 싶다면

**필스너** Pilsner

라거 맥주의 원조로, 밝고 투명한 황금빛을 띤다. 1842년 체코 플젠에서 처음 만들었다. 가볍게 톡 쏘는 맛이 깔끔하다.

**페일 라거** Pale Lager

라거 맥주의 대표 격인 필스너의 쌉쌀함을 보완해 만든 대중적인 맥주이다. 우리나라 대기업 맥주 스타일이 페일 라거다.

**바이젠** Weizen

독일의 밀 맥주이다. 밀을 사용하여 바이스 비어라고도 부른다. 특유의 바나나 혹은 정향Clove 향이 은은하게 코를 자극하는 부드러운 맥주다.

**윗비어** Witbier

벨기에에서 탄생한 밀 맥주이다. 우리가 잘 아는 호가든이 윗비어이다. 고수 씨와 오렌지 껍질을 첨가하여 맛이 부드럽고 발랄하다.

## 여름처럼
### 청량하고 깔끔한 맥주를
### 찾는다면

**페일 에일** Pale Ale

색이 옅은 에일이란 의미로, 영국식과 미국식으로 나뉜다. 미국식이 더 쌉쌀한 맛을 낸다. 맥아를 중간 정도로 볶아 밝은 빛을 띤다.

### 골든 에일 Golden Ale
이름처럼 황금빛이 도는 에일 맥주이다. 캐러멜 향과 신선한 허브 향이 난다. 페일 에일보다 조금 더 쌉쌀한 맛이 난다. 두벨두블, Duvel이 여기에 속한다.

### 세종 Saison
세종은 불어로 계절Season이라는 뜻이다. 벨기에에서 농사일을 할 때 마시던 맥주이다. 산미와 과일 향이 나는 게 특징이다. 팜하우스 에일이라고도 부른다.

### 쾰쉬 Kölsch
독일 쾰른에서 탄생한 맥주이다. 페일 에일이나 필스너와 바디감이 비슷하지만 맥아의 고소함과 시원한 목넘김을 더 느낄 수 있다.

### 사우어 에일 Sour Ale
신맛이 강한 맥주다. 맥주의 기본 재료 외에 젖산균 등을 첨가해서 만든다. 반전을 주는 맥주이다. 맥주에 대한 고정관념을 깨고 싶다면, 결과는 기대 이상이다.

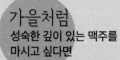
## 가을처럼
### 성숙한 깊이 있는 맥주를
### 마시고 싶다면

### 브라운 에일 Brown Ale
영국 뉴캐슬에서 탄생했다. 페일 에일의 쓴맛을 보완하기 위해 만들어진 맥주다. 몰트의 풍미가 깊게 살아 있고 홉의 쓴맛이 상대적으로 적다.

### 둔켈 Dunkel
독일어로 어둡다는 뜻에서 유래한 라거 타입의 흑맥주다. 로스팅한 맥아 덕에 색은 진하지만, 라거 스타일이라 목넘김이 비교적 가볍다,

### 알트 Alt

독일 뒤셀도르프 지방에서 18세기부터 만든 맥주로 짙은 색을 띤다. 화사한 꽃의 향기와 홉의 향기가 느껴지며 바디감이 부담이 없다.

### 고제 Gose

독일 고슬라 지역의 고제 강물을 사용해 만든 맥주로, 염분을 포함한 물을 사용한다. 젖산균을 첨가해 만든다. 짠맛과 신맛을 아울러 느낄 수 있다.

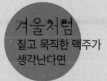

**겨울처럼**
짙고 묵직한 맥주가
생각난다면

### IPA India Pale Ale

영국이 인도를 지배하던 19세기에 개발된 맥주이다. 홉을 많이 넣어 보존성을 높인 맥주이다. 홉을 많이 사용하여 바디감이 진하고 강하며, 쓴맛과 단맛이 동시에 난다.

### 복 Bock

14세기 독일 아인베크 지방에서 만들어진 맥주로 갈색 빛깔을 띠는 맥주다. 홉보다는 맥아의 성향이 돋보이며, 도수가 높은 편이다.

### 포터 Porter

19세기 초중반 영국에서 개발되었다. 영국식 흑맥주의 대표 주자다. 맛이 중후하면서 캐러멜 향과 훈연 향이 나고 단맛이 나는 게 특징이다.

### 스타우트 Stout

포터처럼 진하게 로스팅한 보리로 만든 흑맥주로, 강한 포터라 불리기도 했다. 포터보다 풍미가 좋고, 초콜릿과 캐러멜 향이 짙다. 바디감이 풍부한 맥주다.

# 서울
## Seoul

구스 아일랜드 브루하우스_역삼동
빈센트 반 골로 브루어리_신사동
가로수 브루잉 컴퍼니_신사동
홉머리 브루잉 컴퍼니_신사동
베베양조_삼성동
슈타인도르프_방이동
어메이징 브루잉 컴퍼니_성수동
미스터리 브루잉 컴퍼니_공덕동
더 쎄틀라잇 브루잉 컴퍼니_가산동
브로이하우스 바네하임_공릉동

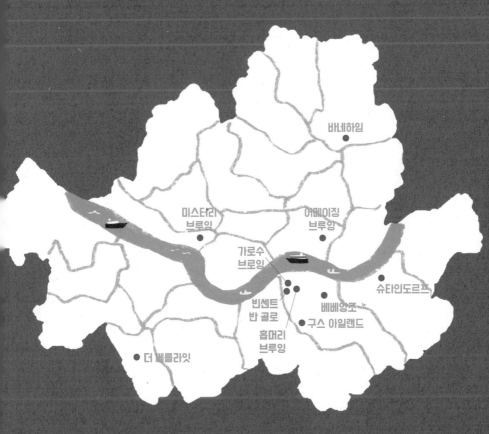

# 구스 아일랜드 브루하우스
## GOOSE ISLAND BREWHOUSE

---

### 시카고 브루어리, 강남에 오다

구스 아일랜드는 미국 시카고에 있는 세계적인 브루어리다. 한국 수제 맥주의 성장 가능성을 높게 보았기 때문일까? 세계의 수많은 도시를 제치고 놀랍게도 서울에 첫 지점을 오픈했다. 당신의 영혼을 위로해주는 곳, 강남구 역삼동의 구스 아일랜드로 가자.

📍 서울시 강남구 역삼로 118(역삼초등학교 앞)

📞 02-6205-1785

🕐 주중 11:30~01:00 주말 10:00~01:00(일요일은 24:00까지)

📘📷 GooseIslandBrewhouseSeoul

브루어리 투어 ☐  펍·탭룸 ☑  굿즈숍 ☑

## 세계 첫 지점을 서울에 오픈했다

어린 시절, 거위가 황금알을 매일 하나씩 낳아준 덕에 농부가 부자가 되었다는 동화를 읽으며 잠이 들곤 했다. 황금알을 낳아주는 거위가 있다면 얼마나 좋을까? 이루어질 수 없는 이야기라 마음이 허허롭다면, 구스 아일랜드 브루하우스로 가자. 거위와 맥주. 얼핏 보기엔 어색한 조합이지만, 미국 시카고에서 '거위 맥주'를 모르는 사람이 거의 없다. 도시 중심부에 시카고 강이 흐르는데, 이 강에 거위들이 모여 사는 섬, 구스 아일랜드가 있다. 1988년 조그마한 브루펍Brewpub, 양조장과 맥주 펍을 동시에 운영하는 복합 공간으로 시작하였으나, 지금은 토론토·런던·상파울루·상하이 등 세계 주요 도시에 맥주를 유통시키는 대형 브루어리로 성장했다. 약 200만 평의 농장에서 홉을 직접 재배하기도 한다.

구스 아일랜드 브루하우스가 역삼동에 지점을 낸 건 2016년 12월이다. 세계의 수많은 도시를 제치고 놀랍게도 서울에 첫 지점을 오픈했다. 한국 수제 맥주 시장의 성장 가능성을 그만큼 높게 보았기 때문이리라. 구스 아일랜드가 당신에게 황금알을 낳아주지는 않는다. 하지만 틀림없이 하루치의 따뜻한 위로와 행복을 선사해줄 것이다.

## 맥주 덕후에게 어울리는 빈티지 에일과 버번 카운티

구스 아일랜드는 3층으로 이루어져 있다. 1층은 브루펍, 2층은 오픈 키친과 다

---

⊕ TIP

에일 맥주Ale Beer 흔히 상면 발효 맥주라고 부른다. 효모가 맥주의 '윗 부분'에서 발효된다는 의미와 하면 발효 맥주라거보다 비교적 높은 온도섭씨 18~25℃에서 발효된다는 의미를 동시에 가지고 있다. 높은 온도 덕에 효모가 더 활발하게 활동하여 발효 속도가 라거보다 빠르다. 라거에 비해 향이 풍부하고, 홉의 맛을 진하게 느낄 수 있다. 약 1만년 전 맥주 발견 초기부터 시작된 양조법이다.

IBU란? International Bitterness Unit의 준말로 맥주의 쓴맛 지수를 나타내는 용어다. IBU 뒤에 붙는 숫자가 높을수록 쓴맛이 강하다. 수제 맥주의 IBU 지수는 일반적으로 10~70이다.

이닝 공간, 3층은 루프 탑이다. 구스 아일랜드의 장점은 맥주의 종류가 다양하다는 점이다. 수제 맥주 입문자라면 초창기부터 함께 해온 혼커스 에일이나 시카고 지역 전화번호에서 이름을 딴 '312 어반 윗 에일'을 추천한다. 혼커스 에일은 홉과 몰트의 밸런스가 좋은 영국식 펍 에일이고, 312 어반 윗 에일은 부드러운 바디감에 상큼한 레몬 피니시를 더한 맥주이다.

맥주 좀 마실 줄 안다는 이들에게는 빈티지 에일과 버번 카운티를 추천한다. 와인 배럴나무통과 버번 배럴에서 숙성하여 깊은 맛과 진한 풍미를 느낄 수 있다. 그밖에 하우스 비어로는 덕덕 구스Duck Duck Goose. 알코올 4.7%, IBU 17, 강남스타일 세종알코올 6.6%, IBU 20, 프로히비션 비엔나 라거알코올 4.9%, IBU 19, 9's 헤븐 아이피에이9'S Heaven IPA, 알코올 6.5%, IBU 64, 테이크 오프 디파Take Off Dipa, 알코올 7.6%, IBU 64, 보나티터스알코올 6.2%, IBU 55가 있다.

구스 아일랜드는 맥주를 음식의 소스나 재료로도 활용한다. 와인 배럴이 저장된 룸 1층은 4월부터 배럴 에이징과 비어 칵테일 전용 공간인 배럴 바로 오픈할 예정이다. 구스 아일랜드는 김홍도 그림을 민화 방식으로 오마주한 굿즈도 판매 중이다. 종로 익선동에 2017년 11월 오픈한 구스 아일랜드 펍이 있다.

### 지은이의 두 줄 코멘트

**오윤희** 덕덕 구스는 오직 한국에서만 맛볼 수 있는 맥주이다. 열대 과일 향이 가득한 서머 에일이다. 이름처럼 맛도 귀여워 여성들에게 인기 만점이다. 조만간 '덕덕 구스'가 타이틀인 애니메이션 영화도 나온다고 한다.

**원관연** 혼커스 에일. 수제 맥주 입문자에게 좋다. 몰트의 진득함과 가볍고 고소한 캐러멜 향이 조화를 잘 이룬 맥주이다.

**구스 아일랜드 PUB 안내**
주소 서울시 종로구 수표로28길 32(익선동) 전화 070-5168-9998
영업시간 15:00~23:00 휴무 일·월요일

# 빈센트 반 골로 브루어리
## VINCENT VAN GOLO BREWERY

### 브루펍에 예술의 향기를 더하다

빈센트 반 골로 브루어리는 맥주에 예술의 향기를 더한 고품격 브루어리다. 입구에 들어서면 조그마한 갤러리가 먼저 반긴다. 브루어리 펍이 아니라 작은 미술관에 들어선 기분이 들어 마음이 한결 고양된다. 수제 맥주 펍에 갤러리를 더한 안목이 돋보인다.

📍 서울시 강남구 강남대로 156길 17-1(신사동 가로수길)
📞 070-4212-9010
🕐 17:00~01:00(일요일 휴무)
☰ http://vincentvangolo.modoo.at/
🄵 golobrewery 📷 vincentvangolo
브루어리 투어 ☐  펍·탭룸 ☑

## 갤러리가 있는 브루어리

취향에 맞는 브루어리는 언제 가도 즐겁다. 맛있는 맥주와 분위기, 거기에 주인 장과 대화까지 더해진다면 그야말로 삼박자를 고루 갖춘 아지트가 된다.

신사동 가로수길에 있는 빈센트 반 골로 브루어리는 맥주에 예술의 향기가 더해진 고품격 브루어리다. 고길로 대표의 위트까지 보태져 즐거움은 배가 된다. 비운의 화가 '빈센트 반 고흐'가 연상되는 브루어리 이름은 고길로 대표의 별명 '골로'를 살짝 넣어 지었다. 입구에 들어서면 조그마한 갤러리가 있어, 가로수길 골목에서 작은 미술관에 들어선 기분이 든다. 펍에 갤러리를 더한 그의 안목이 돋보인다.

빈센트 반 골로는 고길로 대표의 애정이 가득 담긴 곳이다. 1층은 기존 주택의 벽돌과 구조를 그대로 살려 분위기가 좋다. 발효부터 저장까지 완벽하게 관리해주는 양조장도 1층에 있는데, 고대표에게 애기하면 둘러볼 수 있다. 2층은 빈티지한 인테리어에 유쾌한 미술 작품들이 전시되어 있어, 맥주를 즐기며 작품도 감상할 수 있다. 마음에 들면 작품을 구입할 수도 있다.

맥주와 예술은 닮은 구석이 많다. 물, 홉, 보리, 효모로만 만들지만, 누가 어디서 양조했느냐에 따라 맛은 무척 다양하다. 예술도 연필, 물감, 붓 등 도구는 간단하지만 작품마다 고유한 표정과 아름다움을 품고 있지 않은가? 브루어리 이름

---

⊕ TIP

**드라이 홉핑**Dry Hopping 홉핑은 맥즙이 끓을 때 홉을 투입하는 것을 말하며, 드라이 홉핑은 홉의 향을 높이기 위하여 양조를 완료하기 전에, 즉 맥즙의 냉각, 발효, 숙성 과정에서 홉을 다시 첨가하는 작업을 뜻한다. 어느 종류의 홉을 얼마나 추가하느냐에 따라 풍미가 각기 다른 다양한 맥주를 만들 수 있다. 열을 가하지 않고 홉을 첨가하는 까닭에 신선하고 청량한 향을 구현할 수 있다.

**스타우트**Stout 에일 타입 흑맥주. 같은 흑맥주인 포터Porter 보다 조금 더 검게 태운 보리로 만든다. 보리의 고소한 맛과 초콜릿 향과 커피 향을 느낄 수 있다. 포터보다 맛이 부드러우며, 크림 같은 거품이 매력적이다.

때문일까? 이곳에서 맥주를 마시고 있으면 고흐의 그림 〈맥주잔과 과일이 있는 정물〉이 보고 싶어진다.

## 봄날, 꽃 향기에 취하고 싶을 때

빈센트 반 골로 브루어리에서 맛볼 수 있는 맥주는 모두 네 가지이다. 샤넬 향수에서 이름을 따다 지은 골로 NO.5알코올 5.2%는 이곳의 대표 맥주로 밀과 맥아를 6:4로 배합해 만들었다. 고풍스러운 향이 인상적이며, 남녀노소 편안하게 마실 수 있다. 페일 에일인 스프링 에일Spring Ale, 알코올 4.5%은 모자익 홉Mozaic hop, 감귤, 장미, 블루베리 향을 가진 홉의 한 종류을 사용해서 드라이 홉핑맥주 생산 공정 중 냉각 단계에서 홉을 투여하는 방법. 홉 고유의 향을 향상시킨다. 한 맥주이다. F4 스타우트알코올 4.8%는 고 대표가 직접 고른 몰트의 풍미가 맛의 깊이를 더해주어 인기가 좋다. 그리고 골로감Golo-Gam은 빈센트 반 골로에서만 맛볼 수 있는 특별한 맥주다. 고 대표의 센스와 취향이 잘 어우러진 소맥 스타일 맥주로, 소주를 얼린 하이볼이 들어가 맥주 칵테일 같기도 하다. 맛이 독특하고 알딸딸하게 취기가 올라오므로, 용기 있는 자만이 주문할 수 있다.

이곳의 맥주는 싱그러운 봄날 꽃향기에 취해 어디론가 훌쩍 떠나고 싶을 때, 그러나 여행을 떠날 수는 없을 때 즐기기 좋다. 여행을 떠나고 싶은 이들에게, 가로수길 골목에 있는 우리들의 아지트 빈센트 반 골로 브루어리를 추천한다.

### 🗩 지은이의 두 줄 코멘트

**오윤희** 샤넬 NO.5을 입고 잤다는 마릴린 먼로는 될 수 없지만그녀는 실제로 샤넬 NO.5만 몇 방울을 뿌리고는 알몸으로 잠을 잤다고 한다. 골로 NO.5를 마시고 자는(?) 여자는 언제든지 될 수 있다. 이 맥주를 마시며 오늘 밤을 우아하게 보내고 싶다.

**원관연** 골목 깊숙이 자리잡고 있어서 나만의 아지트 같은 느낌이 든다. 여기에 개성 있는 맥주까지 더해지면, 더 오래 머물고 싶을 것이다. 술이 센 사람이라면 '골로감'을 선택해도 좋겠다.

# 가로수 브루잉 컴퍼니
## GAROSU BREWING COMPANY

---

### 가로수길과 가을 그리고 낭만에 대하여

가로수 브루잉 컴퍼니는 가로수길 브루펍의 선두주자 가운데 하나이다. 대표이자 브루어인 조성용 씨는 평범한 직장인이었다. 맥주가 좋아 맥주 공부를 시작했고, 자신이 만든 맥주를 많은 사람과 나누고 싶어 2014년 7월 브루어리를 오픈했다.

📍 서울시 강남구 도산대로11길 31-6(신사동 가로수길)

📞 02-515-8962

🕐 월~금요일 17:00~01:00 토요일 12:30~01:00 일요일 12:30~24:00

≡ www.garosubrewing.com/

f garosubrewing  ⊙ garosubrewingcompany

브루어리 투어 ☐ 펍·탭룸 ☑

## 어느 청명한 가을날의 기억

당신에게 가로수길은 어떤 이미지인가? 가을, 은행나무, 그리고 맥주. 가로수길은 나에게 이렇듯 낭만적인 단어를 떠올리게 해준다. 그 해 가을, 푸른 하늘과 색채 경쟁이라도 하듯 가로수길은 노랗게 물들고 있었다. 맥주는 가을과 어울린다. 처음엔 초록의 홉을 품지만 시간과 함께 숙성되어 이윽고 가을처럼 노랗게 물든다. 그 해 가을 이후, 나는 가로수 브루잉의 황금빛 맥주를 사랑하게 되었다. 가로수 브루잉은 가로수길 브루펍Brewpub, 양조장과 펍을 동시에 운영하는 복합 공간의 선두주자 가운데 하나이다. 이 펍의 대표이자 브루어인 조성용 씨는 평범한 직장인이었다. 맥주가 좋아 공부를 시작했고, 자신이 만든 맥주를 많은 사람과 나누고 싶어 2014년 7월 브루어리를 오픈했다.

사물은 이름이 있어야 비로소 의미를 얻게 된다. "내가 그의 이름을 불러주기 전에는 그는 다만 하나의 몸짓에 지나지 않았다. 내가 그의 이름을 불러주었을 때 그는 나에게로 와서 꽃이 되었다." 조성용 대표는 김춘수의 시 〈꽃〉을 떠올리며 모든 맥주에 '가로수'라는 이름을 붙였다.  그의 맥주는 그렇게 하나하나 '의미'가 되어갔다.

## '피맥'은 언제나 즐겁다

가로수 브루잉 컴퍼니는 늘 새로운 메뉴를 개발하고 있지만 그래도 지향하는 기본 콘셉트는 유지하려고 애쓴다. 이곳 맥주는 비교적 맛이 순하고 부드럽다. 알코올 도수는 대체로 5~7% 정도여서 부담 없이 즐기기 좋다. 페일 에일, 골든 에일, 엠버 에일, 호펜바이젠 크리드, X1 임페리얼 스타우트, 가로수 IPA 등 종류도 많은 편이다. 다양한 맥주를 골라 마실 수 있어 더 즐겁다.

가로수 브루잉 컴퍼니를 즐겨 찾는 이유는 맥주 말고도 또 있다. 맛도, 비주얼도 흐뭇한 피자 때문이다. 평소 '피맥'을 즐기는 이라면 분명 이곳을 무한히 아끼게 될 것이라 확신한다. 신선한 재료를 아낌없이 넣어 보는 것만으로도 즐거움을 준다. 고소한 냄새에 취해 한 입 베어 물면 마음이 한없이 풍성해진다. 듬뿍 뿌린 피자의 꽃, 치즈 토핑은 덤이다. 가로수 브루잉 컴퍼니에서는 맥주로 만든 음식을 먹어보는 이색적인 즐거움도 누릴 수 있다. 밀맥주, 밀 맥아, 맥주 효모로 만든 치아바타와 흑맥주로 만든 깜빠뉴가 그것이다.

가로수길에서 빨간 간판이 인상적인 집이 보이면 그곳이 신사동 가로수 브루잉 컴퍼니이다. 맥주 한 잔 마시고 나면 신사동과 가로수길이 친구처럼 친근해진다.

### ⊕ TIP

**IPA**India Pale Ale 19세기 초 영국이 식민지 인도로 보내기 위해 만든 페일 에일의 한 종류이다. 더운 날씨와 영국에서 아프리카 희망봉을 거쳐 인도까지 가는 긴 항해로 맥주가 변질되자 홉을 많이 넣어 보존성을 높인 맥주이다. 일반적인 페일 에일보다 쓴맛이 강하나 과일이나 허브, 솔, 풀잎 등 홉 고유의 맛과 향도 느낄 수 있다.

**페일 에일**Pale Ale 에일을 대표하는 맥주 가운데 하나이다. Pale은 색이 옅다는 뜻이고 Ale은 상면 발효 맥주라는 뜻이다. 1703년 영국에서 처음 만들었다. 이름처럼 IPA, 스타우트, 포터 등 다른 에일 맥주보다 빛깔이 맑고 맛이 조금 가볍다. 영국식, 미국식이 있는데 최근에는 아메리칸 페일 에일American Pale Ale 타입이 대세다. 영국식 페일 에일은 홉의 쌉쌀함, 풀 향기, 몰트의 달콤함이 조화를 이루는 것이 특징이다. 미국식 페일 에일은 홉 특유의 화사한 향과 열대 과일 풍미, 깔끔한 끝 맛을 강조한 맥주다. 홉이 주연이라면 맥아는 조연인 맥주이다.

### 💬 지은이의 두 줄 코멘트

**오윤희** 가로수 골든 에일을 추천한다. 황금빛 들녘처럼, 그리고 가로수길의 은행잎처럼 노란빛이 나는 맥주다. 한 두 잔 마시다 보면 어느새 당신의 마음에 가을 같은 낭만이 찾아들 것이다. 여러 잔 마셔도 가볍고 부담이 없다.

**원관연** 가로수 엠버 에일을 추천한다. 가로수 브루잉 하면 피맥인데, 몰트의 고소함과 살짝 나는 캐러멜의 단맛이 피자와 찰떡궁합이다.

# 홉머리 브루잉 컴퍼니
## HOP MORI BREWING COMPANY

### 당신이 진정으로 홉을 사랑한다면

홉머리 브루잉은 변화무쌍한 색다름으로 가득하다. 맥주 맛이 화려하고 개성이 넘쳐 '홉'의 패션쇼를 즐기는 기분이 든다. 홉의 매력에 푹 빠져보길 원하는 이에게 추천한다. 검은 모자를 삐딱하게 눌러 쓴 탐정 같은 홉 캐릭터가 당신을 반겨줄 것이다.

📍 서울시 강남구 도산대로11길 15 지하 1층(신사동 가로수길)

📞 02-544-7720

🕐 월~목요일 18:00~24:00 금·토요일 18:00~01:00 일요일 15:00~24:00

📘📷 hopmori

브루어리 투어 ☐  펍·탭룸 ☑  굿즈숍 ☑

54
SEOUL

## 미국에서 온 맥주 전문가의 브루어리

나는 무언가 좋아하게 되면 깊이 파고드는 타입이다. 어릴 땐 만화 캐릭터 스티커를, 십대엔 아이돌 가수의 포스터를 모았다. 이십 대에 맥주를 좋아하게 되자 사람들은 맥주병을 모으는 것 아니냐는 우스갯소리를 건네기도 했다. 내가 맥주병보다 더 애정을 갖게 된 건 바로 '홉'이다. 크래프트 비어를 향한 넘치는 사랑은 '홉'에서 시작되었다고 해도 과언이 아니다. 나는 '홉 덕후'라는 별명을 즐길 정도로 홉이 많이 들어간, 이른바 '호피'한 맥주를 매우 좋아한다.

홉은 식욕을 자극하고, 피부 미용과 치매 예방에도 도움을 준다. 홉 추출물은 화장품의 원료로 사용되기도 하는데, 체코의 회사 '퓨어 체크'가 대표적이다. 홉을 맛으로 느끼고 싶다면 맥주 외에 홉 캔디도 추천한다. 홉은 미국 오리건 주의 마이너리그 야구팀 힐스버러 홉스Hillsbro Hops처럼 캐릭터로 활용되기도 한다. 내가 가로수길의 홉머리 브루잉 컴퍼니를 좋아하는 가장 큰 이유도 귀여운 '홉' 마스코트 때문이다. 그곳에 가면 '홉의 머리'를 그려 만든 귀여운 캐릭터가 손님들을 반겨준다.

트로이 지첼스버거Troy Zizelsberger는 맥주 좀 안다는 사람들 사이에서 꽤나 유명 인사로, 홉머리 브루잉 컴퍼니 대표이자 브루어이다. 그는 한국에서 최초로 공인된 시서론Cicerone 보유자이다. 시서론은 맥주 맛을 감별하는 전문가에게 주는 미국 공인 자격을 말한다. 그는 또 맥주 판별 자격 검정 기관인 BJCPBeer Judge Certification Program의 심판관이기도 하다.

⊕ TIP

홉Hop 맥주 특유의 향과 쌉쌀한 맛을 내주는 기능을 한다. 뽕나무과 덩굴식물로, 홉의 암꽃만 사용한다. 일반적으로 맥즙을 끓이는 과정에 홉을 투입한다. 에일 맥주는 보통 3~5가지 홉을 배합하여 사용하므로 맛과 향이 다채롭다.

## 변화무쌍 센스 넘치는 메뉴들

홉머리 브루잉의 맥주에서는 트로이 지첼스버거의 센스가 돋보인다. 지하 양조 시설에서 그가 직접 만드는데, 이름만으로도 트로이의 한국 사랑을 그대로 느낄 수 있다. 홉을 좋아하는 당신이라면, 이름에 제주가 들어간 맥주들을 추천한다. 한라봉이 들어간 제주 IPA, 제주 블랙 IPA, 매운 한라봉Jeju Heat Black IPA, 알코올 7.2% 등이 있다. 약간 차이가 있긴 하지만, 세 맥주 모두 홉의 향에 한라봉의 향을 더하였다. 이름에 부산과 서울이 들어간 맥주도 있다. 초코 파이 스모어 부산 브라운Choco Pie S'mores Pusan Brown과 코코넛 부산 브라운은 둘 다 깊고 진한 몰트 향에 달콤함이 어우러진 맥주이다. 서울 스타우트는 다크 초콜릿과 커피 향이 어우러져 그 맛이 독특하다. 이밖에 이색적인 맥주도 다양하게 만날 수 있다. 바질과 오이가 들어간 밀맥주 바질 큐컴버 헤페Basil Cucumber Hefe, 수박 맥주Subock Session, 호박 맥주Pumpkin Ale, 자몽 세종Grape Fruit Saison 등이다. 다품종 소량 생산이기 때문에 새 맥주가 자주 업데이트 되는 편이다.

홉머리 브루잉은 변화무쌍한 색다름으로 가득하다. 맥주 맛이 제각각 화려하고 개성 넘쳐 '홉'의 패션쇼를 보고 있는 기분이 든다. 홉의 매력에 푹 빠져보길 원하는 이에게 추천한다. 'Don't Worry, Be Hoppy~'. 노래를 부르며 검은 모자를 삐딱하게 눌러 쓴 탐정 같은 홉 캐릭터가 당신을 반겨줄 것이다.

### 🖋 지은이의 두 줄 코멘트

**오윤희** 제주 IPA는 감귤이 아닌 한라봉이 들어가 새콤달콤한 맛이 일품인 맥주이다. 신선한 맛에 홉의 향이 안정감 있게 어우러져 있어, 제주를 한 모금 두 모금 자꾸 마시는 기분이 든다.

**원관연** 입구에 맥주병 뚜껑이 가득 붙어있는 출입문을 보는 순간, 맥덕의 성지로 들어가는 기분이 든다. 성지답게 다양한 장르의 맥주를 맛볼 수 있다. 어떤 맥주를 선택해도 다 마음에 들 것이다.

# 베베양조
## BEBER BREWERY

—————

### 선정릉 돌담길 옆 정감 가는 브루펍

베베양조는 선정릉 돌담길에 있는 자그마한 브루펍이다. 봉은사로에서 가까우며, 지하철 9호선 삼성중앙역에서 걸어서 7분 거리이다. 배일상 대표가 독일에서 배워온 정통 기술로 맥주를 만든다. 맥주 본연의 맛에 충실하여 '정통'이라는 말과 잘 어울린다.

📍 서울시 강남구 봉은사로68길 23(삼성동)

📞 02-566-8923

🕐 **주중** 11:30~24:00(Break Time 14:00~18:00) **토요일** 18:00~24:00(일요일 휴무)

🅕🅘 beberbrewery

브루어리 투어 ☐  펍·탭룸 ☑

## 분위기가 좋아 또 가고 싶다

삼성동의 선정릉은 성종과 정현왕후의 선릉과, 중종의 무덤 정릉을 합해 부르
는 이름이다. 세계문화유산이자 빌딩 숲의 오아시스 같은 곳으로, 7만여 평의
녹지에 산벚나무, 참나무, 소나무가 높이 뻗어 있어 도심의 분주함에서 벗어나
기 좋다. 선정릉 돌담길도 한가롭게 걷기 좋은 코스로 많은 사랑을 받고 있다.
베베양조는 선정릉 돌담길 옆에 있는 자그마한 블루펍Brewpub이다. 봉은사로에
서 가까우며, 지하철 9호선 삼성중앙역에서 걸어서 7분 거리이다. 베베양조의
배일상 대표는 독일에서 맥주 양조 기술을 배우고 한국으로 돌아와 선정릉 숲
에 반해 2015년 11월, 브루펍을 오픈했다. 베베양조의 양조 설비는 지금은 사라
진 제주의 브루어리 모던타임의 것이다. 그 설비를 그대로 강남으로 옮겨왔다.
브루펍 이름은 스페인어로 '마시다'를 뜻하는 'Beber'에서 따다 지었다.

## 독일 정통 기술로 만든 맥주

베베양조를 대표하는 맥주는 필스너, 페일 에일, 오트밀 스타우트이다. 배 대표
가 독일에서 배운 정통 기술 그대로 옮겨와 만든다. 맥주 본연의 맛에 충실하
여 '정통'이라는 말과 잘 어울린다. 필스너Pilsner, 알코올 5.2%, SRM 15는 처음 시작하
기 좋은 맥주이다. 황금 빛깔의 라거 스타일 맥주로 음용감이 깔끔하고 담백하
다. 페일 에일Pale Ale, 알코올 5.0%, SRM 4은 모자이크 홉을 많이 넣어 홉 향이 목부터
코 끝까지 가득 차오른다. 오트밀 스타우트Oatmeal Stout, 알코올 5.3%는 배 대표가
브루펍을 차리기 전 홈브루잉으로 쌓아온 실력을 발휘하여 만들었다. 그는 기
네스아일랜드 흑맥주로부터 영감을 받아 흑맥주를 만드는 양조자가 되고 싶은 꿈
을 꾸었는데, 오트밀 스타우트에는 그의 꿈이 잘 담겨 있다. 귀리Oat를 넣어 색
이 검고 살짝 단 곡물 쿠키 맛이 느껴진다. 이밖에 인덕원에 있는 바바로사 양
조장과 협업한 위트 비어벨기에 스타일 밀맥주가 있다. 맥주는 1리터 페트병으로 테

이크 아웃도 가능하다.

베베양조의 메뉴로는 함박스테이크와 감바스새우와 버섯 요리를 추천한다. 배 대표는 독일에서 유학을 마친 뒤 스페인에서 근무하면서 산티아고까지 걸어서 여행했다. 그런 와중에도 틈틈이 직접 요리를 배웠는데, 그가 만든 수제 요리가 맥주와 잘 어울린다. 선정릉 돌담길을 걷다가 맥주가 생각난다면 베베양조로 가자. 여유로운 휴식이 그곳에 있다.

---

### ⊕ TIP

**SRM이란?** Standard Reference Method의 준말로 맥주의 색을 나타내는 단위이다. SRM 뒤에 붙는 숫자가 커질수록 색이 진하다. SRM 3 정도면 황금색, 15 이상은 갈색, 30 이상은 다크 계열로 보면 된다.

**필스너**Pilsner 하면 발효 방식으로 만드는 오늘날 라거 맥주의 시조이다. 1842년 체코 플젠필젠, Pilsen 지역의 시민 양조장에서 처음 제조하기 시작했다. Pilsner는 '필젠에서 만든 맥주'라는 뜻이다. 당시의 라거 맥주보다 홉을 많이 쓰고 색이 옅은 맥아를 사용하였는데, 맛이 좋고 옅은 황금빛이 아름다워 독일과 유럽 전역에서 큰 인기를 끌기 시작했다. 맛이 깔끔하고 담백하다.

**라거 맥주**Lager Beer 맥주 양조 방법은 크게 상면 발효에일와 하면 발효라거로 나눌 수 있다. 라거는 섭씨 7~15도 사이의 낮은 온도에서 서서히 발효시키는 맥주이다. 발효가 끝난 효모가 아래로 가라앉기 때문에 하면 발효 맥주라고 부른다. 빛깔은 밝은 황금빛을 띠고 맛이 담백하고 청량감이 강하다. 필스너가 오늘날 라거 맥주의 원조이다.

---

### ⊜ 지은이의 두 줄 코멘트

**오윤희** 오트밀 스타우트를 추천한다. 실제 오트밀이 들어가 질감이 부드럽고 풍미가 진하여 한 잔으로도 충분히 매력을 느낄 수 있다. 마시다 보면 죠리퐁 같은 고소한 단 맛이 서서히 올라와 기분이 좋다.

**원관연** 페일 에일을 추천한다. 모자익 홉 특유의 향과 쌉싸름한 맛이 일품이다. 안주는 감바스를 추천한다. 서로가 조화를 이루어 더 맛있게 즐길 수 있다.

# 슈타인도르프
## STEINDORF BRÄU

**독일 정통 방식으로 만드는 수제 맥주**

슈타인도르프는 지하층부터 지상 6층까지 양조장·펍·다이닝 룸·이벤트 룸·루프 탑 바로 꾸며진, 건물 전체가 오로지 '맥주만을 위한 공간'이다. 매주 목·금·토요일 저녁엔 지하 1층에 있는 탭룸에서 양조 시설을 직접 관람하며 맥주를 마실 수 있다.

📍 서울시 송파구 오금로15길 11(방이동)
📞 02-422-9000
🕐 15:00~24:00(일요일 휴무)
📘 SteinDorfkorea 📷 steindorf_brau
브루어리 투어 ☑ 펍·탭룸 ☑

## 건물 전체가 오로지 '맥주'만을 위한 공간이다

송파구 석촌동은 백제시대 돌무지 무덤이 있는 곳으로, 돌이 많아 '석촌'石村이라는 이름을 얻었다. 롯데월드 옆 석촌호수도 '석촌'에서 이름을 따왔다. 2016년 1월 오픈한 슈타인도르프도 '석촌'이라는 뜻이다. 슈타인Stein은 독일어로 돌을, 도르프Dorf는 마을을 의미한다. '석촌'의 독일식 표현인 셈이다. 슈타인도르프도는 석촌동 옆 방이동에 있다.

슈타인도르프는 오로지 몰트, 물, 홉, 효모 등 네 가지 기본 원재료만 사용해 맥주를 만든다. 현대적인 의미의 '맥주순수령'을 지키고 있는 브루펍으로, 서울에서 진정한 독일식 맥주를 즐길 수 있는 몇 안 되는 곳이다. 지하 3층부터 지상 6층까지 양조장·펍·다이닝·이벤트 룸·루프 톱 등으로 꾸며진, 건물 전체가 오로지 '맥주'만을 위한 공간이다. 매주 목·금·토요일 저녁엔 지하 1층에 있는 양조시설을 직접 관람하며 탭룸직영 펍 또는 바에서 맥주를 마실 수도 있다. 브루어Brewer와 맥주에 관한 깊은 대화도 가능하다. 브루어는 단순하게 맥주를 만드는 사람이 아니다. 원재료 주문부터 공정, 세척, 배송, 퀄리티 유지에 심지어 영업까지 관리하는 고난도 직업이다.

⊕ TIP

**맥주순수령**Reinheitsgebot 1516년 독일의 바이에른 공국 빌헬름 4세가 품질이 떨어지는 맥주 생산을 막기 위해 공표한 제조 법령이다. 맥주를 주조할 때 물, 보리, 홉을 제외한 그 어떠한 것도 넣어서는 안 된다는 내용을 담고 있다. 순수령 원문에는 효모에 관한 내용이 없다. 그 당시는 아직 효모의 존재를 알지 못했기 때문이다. 1800년대 파스퇴르가 효모를 발견한 뒤 효모가 추가되었다. 순수령 덕분에 뮌헨을 중심으로 한 독일 남부는 세계에서 가장 품질이 좋은 맥주를 생산하게 되었다. 세계 3대축제 중 하나인 뮌헨의 옥토버페스트가 이를 증명해준다. 프로이센이 독일을 통일한 이후인 1906년에 맥주순수령이 독일 전역에 적용되었다. 순수령은 1993년 폐지되었다.

**바이젠**Weizen 맥주의 주재료를 보리가 아닌 밀을 사용해 만든 맥주

## 학센과 함께 즐기는 진정한 독일 맥주

슈타인도르프의 맥주는 균형감과 바디감을 잘 살린 게 특징이다. 그래서일까? 다른 브루어리의 수제 맥주에 비해 상대적으로 얌전한 맛이 느껴진다. 이곳에서 마실 수 있는 맥주는 밀맥주로 헤페 바이젠알코올 5.0%, IPA알코올 6.0%, 페일 에일Pale Ale과 스타우트알코올 4.2% 등 4종이다. 처음 이곳을 찾았다면 직접 양조한 맥주 4종을 한번에 맛볼 수 있는 샘플러를 추천한다.

스타우트는 '2016 대한민국 주류대상'에서 '크래프트 비어 에일 스타우트·포터 부문' 대상을 수상했다. 슈타인도르프의 자랑인 이 맥주는 바디감이 풍부해서 좋다. 시즌 메뉴로는 알트 비어Alt Bier인 프로토알코올 5.0%를 추천한다. 알트 비어는 독일의 뒤셀도르프Düsseldorf 지역을 중심으로 양조되는 맥주로, 독일어로는 오래된 맥주Old Beer라는 의미이다.

슈타인도르프에서는 전문 셰프가 요리한 독일식 족발 요리 학센을 맥주와 함께 즐길 수 있다. 감자튀김, 코울슬로와 어우러져 나오는데, 맥주의 맛을 살려줘 좋다. 진정한 독일 맥주의 맛을 보고 싶다면 슈타인도르프로 발길을 돌리자.

**양조장 투어 안내**
브루어리 견학, 맥주 종류와 제조법 등 이론 설명, 시음 순서로 진행한다. 예약 인원이 5인 이상일 때 진행한다. 일주일 전에 전화로 예약을 해야 한다. **전화 02-422-9000 비용 2만5천원**

### 🗩 지은이의 두 줄 코멘트

**오윤희** 헤페 바이젠을 추천한다. 독일 정통 방식으로 양조했지만, 가볍게 양조하여 음용성이 좋다. 독일 맥주에 대한 향수를 달래기에 제격이다.

**원관연** 프로토를 추천한다. 독일 여행 중 알트 비어를 마시고 수제 맥주의 매력에 빠진 기억이 새롭다. 국내에서 알트 스타일 맥주를 만날 수 있다는 건 내겐 더 없는 행복이다. 커피에 비유하면 포터나 스타우트가 에스프레소라면, 프로토는 아메리카노에 가깝다.

# 어메이징 브루잉 컴퍼니
## AMAZING BREWING COMPANY

### 성수동의 핫플레이스, 다른 양조장 맥주도 마실 수 있다

어메이징 브루잉은 성수동의 오래된 건물에 들어선 그야말로 '어메이징'한 브루펍이다.
인테리어는 빈티지한 듯 모던하고, 분위기는 재미있고 유쾌하다. 게스트 비어까지 판
매해 브루펍 가운데 가장 많은 수제 맥주를 그야말로 '어메이징' 하게 체험할 수 있다.

📍 서울시 성동구 성수일로4길 4
📞 02-465-5208
🕐 월~금요일 16:00~01:00 토~일요일 12:00~01:00
☰ www.amazingbrewing.co.kr
🅕 amazingbrewery 📷 amazingbrewing
브루어리 투어 ☐ 펍·탭룸 ☑ 굿즈숍 ☑

## 허름했던 창고가 핫한 브루펍으로

성수동은 유명한 수제화 골목이었다. 외환 위기 이후 쇠락의 길을 걷다가 2010
년을 전후하여 예술가들이 모여들면서 활기를 되찾았다. 오래된 공장 골목에 새
로움이 보태어 지면서 성수동은 빈티지한 감성까지 숨쉬는 복합 문화 거리로 변
모했다. 이제는 개성 넘치는 카페, 레스토랑, 작업실 등이 들어서 서울의 소호,
또는 브루클린이라 불린다.

어메이징 브루잉 컴퍼니는 1959년에 지어진 목조 지붕 건물에 들어선 '어메이
징'한 브루펍이다. 다품종 소량 생산을 기본으로 하여 언제나 다양한 맥주를 즐
길 수 있다. 분위기도 재미있고 유쾌한 성수동의 핫 플레이스다. 매번 업데이트
되는 맥주 메뉴 덕분에 올 때마다 새로운 기분을 느낄 수 있다. 시즌에 따라 테
마 맥주를 선보이기도 한다.

이 집의 맥주는 이름이 캐주얼하면서도 스케일이 남다르다. 원더풀 아이피에이,
경이로운 세종, 쇼킹 스타우트, 판타스틱 페일 에일, 바로 그 고제 등 화려한 이름
이 가득하다. 맥주 이름을 분필로 적어놓은 커다란 메뉴판도 이색 포인트로 꼽힌
다. 메뉴판 아래로는 수십 개의 탭술이 나오는 수도꼭지이 장관을 이룬다. 탭의 숫자로
는 국내 최고이다. 양조장 규모는 크지 않지만, 게스트 비어다른 양조장에서, 다른 브루어
가 만든 맥주까지 판매해 다양한 맥주를 그야말로 '어메이징' 하게 체험할 수 있다.

## 홈 브루잉 맥주 경연 대회도 개최한다

원더풀 아이피에이Wonderful IPA, 알코올 5.0%, IBU 31는 어메이징 브루잉의 큰 자랑이

⊕ TIP

고제 맥주Gose Beer 독일 중부 고슬라와 라히프치히가 원산지인 상면 발효 맥주이다. 이 지역의 강 고제에
서 이름을 따왔다. 밀을 최소 50%이상 사용하며 탁한 노란색을 띈다. 물, 홉, 효모 외에 젖산균과 고수, 소금
까지 첨가해 만든다. 사워 비어의 일종으로, 맛이 깊고 바디감이 강한 편이나 신맛이 강해 호불호가 갈린다.

다. 이름처럼 '원더풀'한 이 맥주는 꽃과 과일 향이 어우러진 화사함과 쌉쌀한 맛을 두루 갖추고 있다. 성수동 페일 에일은 주민들에게 신청을 받아 양조 교육을 한 뒤 함께 만든 맥주이다. 가격이 320ml에 4,500원으로 저렴하며, 성수동 주민과 성수동 직장인에게는 3,500원에 판매한다. 성동구 맥주도 있다. 그밖에 서울숲, Amazing 바로 그 고제, 쇼킹 스타우트, 맑디맑은 바이젠, 별빛, 달빛, 연무장, 밀밭, 11마력 스카티시 에일, 첫사랑, 놀라운 에일, 서울숲 유자 에일 등 종류가 무척 다채롭다. 맑디맑은 바이젠, 성수동 페일에일은 2018 대한민국주류대상 크래프트 에일 부문 대상 수상작이다. 고르는 재미가 있어 즐겁다. 모든 맥주는 캔으로 포장 판매한다.

어메이징 브루잉에서는 다양한 이벤트도 진행한다. '어메이징 화요 시음회'를 비롯하여, '홈 브루잉 콤피티션'Home Brewing Competition이라는 자가 양조 맥주 경연 대회도 개최한다. 재미있고 놀라운 맥주의 세계를 경험하고 싶다면 어메이징 브루잉 컴퍼니로 떠나보자.

### ⬲ 지은이의 두 줄 코멘트

**오윤희** 쇼킹 스타우트알코올 8.5%는 고도수 임페리얼 스타우트로 한 잔만 마셔도 볼이 발그레해진다. 목으로 넘길 때까지 다양한 향과 풀 바디감마셨을 때 입이 꽉 찬 느낌이 전해진다. '어메이징'한 브루어리에서 '쇼킹'한 스타우트를 마시면 신나는 일이 생길 것 같다.

**원관연** 자체 맥주 외에 타 브루어리의 다양한 맥주를 마실 수 있다는 게 가장 큰 매력이다. 매일매일 새로운 맥주를 맛보고 느끼자면 일년 열 두 달이 부족하다.

**어메이징 브루잉 브루펍 안내**
잠실점 **주소** 서울시 송파구 송파대로 570 타워730 지하1층 **전화** 02 420 5208
송도점 **주소** 인천시 연수구 송도과학로16번길 33-3 트리플스트리트 C동 208, 209호
　　　　**전화** 032 310 9599

# 미스터리 브루잉 컴퍼니
## MYSTERLEE BREWING COMPANY

___

**경의선 숲길로 떠나는 상쾌한 맥주 여행**

미스터리 브루잉은 경의선 숲길이 시작되는 공덕오거리에 있다. 경의선 숲길과 인접한 이 집은 이름부터 미스터리하다. 공동 창업한 이승용·이인호의 성을 따 이처럼 미스터리한 브루펍이 되었다. 유명 디자이너와 협업한 굿즈는 선물용으로 인기가 좋다.

📍 서울시 마포구 독막로 311 재화스퀘어 1층(공덕오거리)
📞 02-3272-6337
🕐 11:30~24:00(연중 무휴)
📘 MysterLeeBrewingCompany 📷 mysterlee_brewing_company
브루어리 투어 ☑ 펍·탭룸 ☑ 굿즈숍 ☑

## 두 남자의 미스터리한 브루펍

'철마는 달리고 싶다!'라는 포스터를 기억하는가? 북으로 가다 멈춘 철길과 북쪽으로 머리를 둔 녹슨 철마를 기억하는가?

서울의 오래된 기찻길이 기억 저편으로 물러나 있던 추억을 다시 소환해주고 있다. 서울시는 용산과 마포 일대의 경의선 철길을 지하로 내려 보내고 그 자리에 철길 공원을 만들었다. 경의선 숲길이다. 잔디밭과 산책로, 벤치와 자전거 길이 들어서자 사람들이 모여들기 시작했다. 철길 옆으로 술집, 서점 등 아기자기한 가게들이 들어섰다. 미스터리 브루잉 컴퍼니도 그 가운데 하나이다.

미스터리 브루잉은 경의선 숲길이 시작되는 공덕오거리에 있다. 경의선 숲길과 인접한 이 집은 이름부터 미스터리하다. 공동 창업한 이승용·이인호의 성을 따 이처럼 미스터리한 브루펍이 되었다. 두 사람은 이태원에서 오랫동안 펍을 운영했다. 공덕동 일대가 재개발 되어 오피스 상권과 주상복합 상권이 결합되고, 여기에 더해 경의선 숲길까지 생기자 둘은 의기투합하여 트렌드에 맞는 브루펍을 오픈했다. 개성 있고 품질 좋은 맥주를 손님들에게 선사하고 싶은 꿈을 현실로 옮겨놓은 것이다.

## 굿즈도 사고 브루어리 투어도 하고

MR.YELLOW, MR.PURPLE, MR.GREEN, MR. BLACK. 미스터리 브루잉은 맥주를 칼라별로 분류해 놓았다 MR. YELLOW는 크래프트 필스너와 라거, IPLIndia Pale Lager 등 저온 발효 맥주 모음이다. 깔끔하고 시원한 맥주를 마시고

---

⊕ TIP

**사우어 비어**Sour Beer 신맛이 나는 맥주를 통칭하여 이르는 말이다. 물, 맥아, 홉, 효모 외에 젖산균을 첨가해서 양조한다. 신맛이 강하기 때문에 호불호가 갈린다.

싶다면, YELLOW 계열 맥주를 선택하면 된다.

MR.PURPLE은 효모Yeast가 뿜어내는 풍미가 살아있는 맥주 모음이다. 이들 맥주는 맛과 향을 깊게 자극한다. Sour Beer, Weizen, Farmhouse Ale로 두 대표의 경험치가 배인 맥주들이다.

과일의 향긋한 내음이 나는 맥주를 마시고 싶다면 MR.GREEN을 추천한다. 홉에 집중한 Pale Ale, India Pale Ale, Double IPA가 있는데, 미스터리 브루잉의 주력 맥주이다. MR.BLACK은 로스팅한 맥아로 만든 몰트 중심 맥주이다. Porter, Stout, Imperial Stout가 여기에 속한다. 기분 따라, 분위기 따라 맥주를 고르는 재미가 쏠쏠하다.

이곳의 음식은 어느 이탈리안 레스토랑 부럽지 않게 맛과 만듦새가 돋보인다. 맥주와 페어링하기 좋은 메뉴들이 다양하다. 맥주는 캔입 포장과 플라스틱 컵 테이크 아웃이 가능하다. 캔 4pack 구입시 2,000원 할인 혜택을 받을 수 있다. 실력 있는 디자이너와 협업하여 제작한 굿즈도 함께 판매하는데 선물용으로 인기가 좋다. 주기적으로 견학과 교육, 시음을 할 수 있는 브루어리 투어도 진행한다. 이번 주말, 양조장이 있는 경의선 숲길로 맥주 여행을 떠나보자.

🗨 지은이의 두 줄 코멘트

**오윤희** Sour Beer를 추천한다. 사실 신맛이 심한 맥주라 처음 입문 시 거리감을 느꼈었다. 하지만 이곳의 사워 비어는 신맛이 가벼워 음용성이 좋다. 심지어 계속 나도 모르게 들이키게 된다. 역시 미스터리하다!

**원관연** 만약 친구에게 수제 맥주를 추천해주고 싶다면, 애인과 함께 수제 맥주의 신세계를 체험하고 싶다면 이곳이 정답이다. 최상의 수제 맥주를 즐길 수 있다. 한번 가면 또 가게 된다.

# 더 쎄를라잇 브루잉 컴퍼니

## THE SATELLITE BREWING COMPANY

### 가산디지털단지의 위성처럼 빛나는 브루펍

직장에서 쌓인 스트레스를 날려버리고 잠시라도 자유로운 새가 되고 싶다면 오늘 저녁
더 쎄를라잇 브루잉 컴퍼니로 가자. 당신이 만약 괴로운 김대리라면, 출근 말고 '술근'하
고 싶다면, 온화한 상사를 만날 수 없다면, 수제 맥주로 스스로를 위로해보자.

📍 서울시 금천구 디지털로9길 56 코오롱테크노벨리 105호(가산동)

📞 02-852-1550

🕐 **주중 11:00~23:00 주말 17:00~23:00**(일요일, 공휴일 휴무)

f thesatellitebrewingcompany  ⓘ thesatellitebrewing

브루어리 투어 ☐  펍·탭룸 ☑

## 디지털단지 직장인들의 꿈을 담다

서울디지털국가산업단지구로디지털단지와 가산디지털단지는 원래 구로공단이 있던 곳
이다. 1960년대에 세운 대한민국 최초의 수출산업단지였다. 가산동, 구로동, 가
리봉동은 노동의 애환과 슬픔이 진득하게 묻어 있는 동네다. 2000년대 IT 산
업의 중심지로 변화하기 시작하여 지금은 대기업과 벤처기업 1만 1000여 개가
입주한 거대한 디지털 단지가 되었다. 막걸리와 소주로 고된 하루를 위로 받던
노동자들은 이제 더 쎄를라잇 브루잉에서 수제 맥주로 하루를 마감한다.

더 쎄르라잇 브루잉 컴퍼니는 2017년 가산디지털단지역 인근에 오픈한 브루펍
이다. 더 쎄르라잇 브루잉 컴퍼니의 전동근 대표는 이색적인 이력의 소유자이
다. 그는 고3 때 세이지 코리아SAGE KOREA의 내셔널 코디네이터대표로 활동했으
며, '2012 대한민국 인재상 100인'에도 선정되었다. 세이지는 고등학생을 대상
으로 창업 진흥을 지원하는 미국의 비영리 법인이다. 그는 이 일을 계기로 미
국 유학을 떠났다가 수제 맥주에 관심을 갖게 되었다. 미국의 양조장에서 맥주
제조 과정을 익히고, 유럽의 맥주 강국을 여행하며 멘토들과 교류하기도 했다.
오랜 조사와 공부 끝에 브루펍을 오픈 했다. 쎄를라잇이란 위성이라는 뜻이다.
70~80년대 이곳에서 생산된 우리의 상품이 세계에 수출되었듯이, 수제 맥주 또
한 세계에 알리고 더 나아가 우주로까지 진출하겠다는 바람을 담았다.

## 냉장 홉으로 만든 맥주, 이 맥주로 스트레스를 날려라

더쎄를라잇 브루잉의 특이한 점을 하나 더 꼽자면 냉장 홉을 사용한다는 것이
다. 홉은 보통 천연 홉과 가공된 펠렛형 홉으로 유통된다. 홉을 수입하는 우리나
라에서는 주로 보관이 용이하고 맛이 균일한 펠렛형 홉을 사용한다. 하지만 더
쎄를라잇 브루잉은 신선한 홉을 사용하기 위해 국적기로 냉장 상태의 홉을 들
여와 사용하고 있다.

이곳에서 마실 수 있는 맥주는 춘경 바이젠, 레드 세종, 망고 에일, 드라이 홉 라거가 있다. 춘경 바이젠알코올 5.0%은 양조를 담당하는 김춘경 한국양조기술 소장의 이름을 딴 밀맥주다. Step Mashing차를 우려내듯 거름망을 이용하여 당화하는 방법으로 만든 맥주로 바이젠 특유의 바나나 향과 단 맛이 적절히 조화를 이루고 있다. '칼퇴' 후 마시면 기분이 더 좋은 맥주이다.

레드 세종알코올 6.2%는 훈연 향이 나는 묵직한 세종 스타일 맥주이다. 야근 후 하루를 마감하기 좋은 맥주이다. 망고 에일알코올 5.9%은 망고 원액이 첨가된 에일로 맛과 향이 새콤달콤하다. 여성들에게 첫 잔으로 추천하고 싶은 맥주다. 드라이 홉 라거알코올 5.2%는 깔끔하고 캐주얼한 맥주다. 회식용 맥주로 안성맞춤이다. 이곳의 맥주에는 별칭이 있다. '김대리는 괴로워', '퇴근 말고 술근', '온화한 상사 스타우트' 등 직장인의 애환을 담은 재치 있는 이름이 웃음을 자아내게 한다. 직장에서 쌓인 스트레스를 잘근잘근 씹어 날려버리고 싶다면, 잠시라도 자유로운 새가 되고 싶다면 오늘 저녁 더 쎄를라잇 브루잉 컴퍼니로 가자. 당신이 만약 괴로운 김대리라면, 출근 말고 '술근'하고 싶다면, 온화한 상사를 만날 수 없다면, 수제 맥주로 스스로를 위로해보자. 수제 맥주를 마시며 쏘아 올린 당신의 작은 소망은 어느새 밤하늘의 위성이 되어 반짝반짝 빛날 것이다.

💬 지은이의 두 줄 코멘트

**오윤희** 망고 에일을 추천한다. 직장 일로 종일 힘들었다면 새콤달콤한 망고 에일로 피로를 날려보내자. 입 안 가득 퍼지는 과일 향이 당신을 다시 살 맛나게 해줄 것이다.

**원관연** 레드 세종을 추천한다. 몰트의 질감이 묵직한데다 거품에 묻은 훈연 향이 입에 오래 남아 여운을 즐기기에 좋다. 야근을 끝내고 귀가 하기 전에 묵직하게 쌓인 스트레스를 풀기에 그만이다. 딱 한 잔만 마셔도 즐겁게 하루를 마무리할 수 있다.

# 브로이하우스 바네하임

## VANEHEIM BREWERY

**여성 비어 소믈리에가 권하는 꽃처럼 아름다운 맥주**

여성이 빚는 맥주는 어떤 맛일까? 서울 공릉동에 있는 바네하임은 국내에서 유일하게 여성이 운영하는 양조장이다. 바네하임은 북유럽 게르만 신화에 나오는 풍요의 신 이름 이다. 여성 비어 소믈리에가 건네는 꽃다운 맥주를 마시러 바네하임으로 가자.

📍 서울시 노원구 공릉로32길, 54 고려빌딩(공릉동)

📞 02-948-8003

🕐 주중 15:00~01:00(일요일 휴무)

📘📷 vaneheimbrewery

브루어리 투어 ☐  펍·탭룸 ☑

## 여성이 빚는 맥주는 어떤 맛일까?

먼 옛날부터, 맥주는 여성과 깊이 연결되어 있다. 이집트 신화를 보면, 인간에게 맥주 제조법을 알려준 이는 태양의 신 오시리스의 부인이자 대지의 신인 아이시스다. 메소포타미아 신화엔 맥주 여신 닌카시에게 바치는 노래가 전해지고 있다. 고대 발트-슬라브 신화엔 맥주의 여신 라우구티에네가 등장한다. 맨 처음 홉을 넣어 맥주를 만든 양조자는 독일의 한 수녀였다.

여성이 빚는 맥주는 어떤 맛일까? 서울 공릉동에 있는 브로이 하우스 바네하임은 국내에서 유일하게 여성이 운영하는 브루어리다. 김정하 씨가 헤드 브루어이자 브루펍 대표이다. 바네하임Vaneheim은 북유럽 게르만 신화에 나오는 풍요의 신이다. 김정하 대표는 브루펍을 찾는 모든 이들이 여신의 풍요로움을 느꼈으면 하는 바람으로 이런 이름을 지었다. 2004년부터 터를 잡은 바네하임은 공릉동의 터줏대감이다. 조리과를 졸업하고 20대 중반 바네하임을 연 후, 음식부터 양조, 브루어리 경영까지 모든 걸 책임지고 있다. 그녀는 1895년에 설립된 독일 맥주 전문가 양성 기관이 서울에 개설한 '되멘스 비어 소믈리에'Biersommelier 과정을 국내에서 제일 먼저 마친 첫 여성 비어 소믈리에이기도 하다.

## 제주 벚꽃을 마시자, 벚꽃라거

바네하임에서 마실 수 있는 맥주는 정규 맥주로 프레야 에일, 노트 에일, 란드 에일, 장미 에일, 시즈널 맥주로 다복이, 벚꽃 라거가 있다. 고대 게르만어로 군주라는 의미를 가진 프레야 에일Frea Ale, ABV 4.2%은 가벼우면서도 은은한 과일 향

---

⊕ TIP

ABVAlcohol by volume 맥주 100ml에 함유된 알코올의 비율을 나타내는 단위이다. 만약 500ml 캔맥주에 알코올 함유량이 5%라고 표기되어 있다면, 500ml의 맥주 중에서 25ml가 알코올인 셈이다.

이 나는 맥주이다. 천도 복숭아의 상큼함과 자두의 향긋함이 올라와 첫 잔으로 마시기 좋다. 노트 에일Nott Ale의 '노트'는 고대 게르만어로 '밤'을 의미하는데 은은한 커피향이 풍기고 목넘김이 부드러운 흑맥주Session Stout Ale, ABV 4.2%이다. 란드 에일Land Ale Irish Red Ale, ABV 5%은 독일 알트의 쌀쌉함과 아이리시 레드 에일의 몰트 단맛이 적절히 조화를 이루어 푸드 페어링Food Paring, 음식과 술의 궁합으로 가장 잘 어울리는 맥주이다.

프랑스산 유기농 장미가 들어간 장미 에일Summer Rose Ale, 4.5% ABV은 여성 브루어라는 정체성과 잘 어울리는 맥주다. '브루어 김정하'를 생각하며 어떤 맥주가 좋을까 고민하며 만들었다. 오렌지와 흰 빵, 쌉쌀한 풀과 가벼운 산미의 맛이 느껴지는데 마치 은은한 장미 향수를 한 잔 머금은 기분이 든다. 시즌 맥주 다복이Berry Berry Bock, 6.2% ABV는 블루베리, 크렌베리, 다크 초콜릿 맛이 나는 고도수의 복 비어이다. 벚꽃을 가득 넣어 만든 벚꽃 라거Blossom Lager, ANV 5.0%는 어떨까? 김정하 대표가 직접 제주에서 따온 벚꽃 잎으로 양조하여 오로지 봄에만 마실 수 있다. 벚꽃 특유의 단맛과 은은한 향이 바디와 거품에서 배어 나온다. 일본 벚꽃의 원산지가 사실은 제주도임을 알리기 위해 만들었다. 안주로는 김정하 대표가 직접 개발한 누룽지 해산물 토마토 스튜와 떡갈비 플래너를 추천한다. 이번 주말엔, 여성 비어 소믈리에가 건네는 꽃다운 맥주를 마시러 바네하임으로 가자.

### 🍺 지은이의 두 줄 코멘트

**오윤희** 벚꽃 라거를 추천한다. 사랑하는 이와 함께라면, 벚꽃 핀 경춘선 숲길 따라 걸으며 벚꽃 라거 한잔을 해도 좋겠다. 벚꽃이 눈으로, 입으로 풍덩! 향긋한 봄내음을 가득 누려보시길!

**원관연** 첫 잔을 프레야 에일로 시작해서, 음식과 함께 란드 에일 즐긴 뒤, 장미 에일과 벚꽃 라거를 마신 다음 노트 에일로 마무리한다. 내가 이곳에서 맥주를 마시는 순서이다.

# 인천·경기도
## INCHEON·GYEONGIDO

칼리가리 브루잉_인천
더 부스 판교 브루어리_판교
더 테이블 브루잉 컴퍼니_일산
플레이그라운드 브루어리_일산
레비 브루잉 컴퍼니_수원
더 핸드앤몰트_남양주
카브루_가평
히튼 트랙_양주
아트 몬스터 브루어리_군포
크래머리_안산
까마귀 브루잉_오산

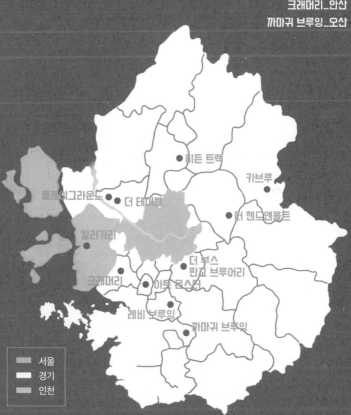

- 서울
- 경기
- 인천

# 칼리가리 브루잉
## CALIGARI BREWING

### 나만 알고 싶은, 하지만 누구나 빠져드는 맥주

**나만 알고 싶은 브루어리가 있다면 바로 이런 곳이 아닐까? 박지훈 대표는 허름한 벽돌 창고 같던 공간을 매력적인 브루어리로 탈바꿈시켰다. 벽돌에 색을 입히고, 화려한 클럽 조명에 은색 양조 설비를 더한 브루어리는 어디서도 본 적이 없는 신세계 같다.**

인천시 중구 신포로 15번길 45(해안동 3가)

032-766-0705

브루어리 09:00~18:00 탭룸 주중 17:00~01:00, 주말 17:00~03:00

www.caligaribrewing.com

caligaribrewinghq caligaribrewing_hq

브루어리 투어 ☑ 펍·탭룸 ☑

## 인천 차이나타운의 밀실 같은 브루어리

단어가 주는 특유의 분위기 때문일까? 밀실, 그러니까 비밀의 방은 소설과 영화에 곧잘 등장한다. 브루어리에 밀실이 있다면 어떤 모습일까? 인천 차이나타운 근처에 있는 칼리가리 브루잉. 나만 알고 싶은 브루어리가 있다면 바로 여기가 아닐까? '칼리가리' 하면 영화 〈칼리가리 박사의 밀실〉을 떠올리는 분이 많을 것이다. 1919년 독일의 로베르트 비네 감독이 제작한 이 흑백 무성 영화는 독일 표현주의의 대표작으로, 영화학도에게 큰 영감을 준 영화이다. 칼리가리 브루잉 박지훈 대표도 이 영화에서 영감을 받아 브루어리 이름을 지었다. 영화학도 출신인 그는 밀실에서 만든 맥주를 사람들과 같이 즐겼으면 하는 바람을 브루어리 이름에 담았다.

브루펍이 들어선 자리는 박지훈 대표와 인연이 깊었다. 그 자리엔 그가 청춘 시절 즐겨 찾던 나이트 클럽이 있었다. 2018년 1월, 그는 회귀 본능을 자극하는 애틋한 자리에서 꿈을 양조하기 시작했다. 홍대 앞에서 밴드 활동을 하며, 펍을 운영한 센스 덕분일까? 그는 허름한 벽돌 창고 같던 공간을 매력적인 브루어리로 탈바꿈시켰다. 허름한 벽돌에 색을 입히고 화려한 클럽 조명에 은색 양조설비를 더한 브루어리는 마치 어디서 본 적이 없는 신세계 같다.

## 꽃 길에서 마시고 싶은 사브작 IPA

칼리가리 브루잉의 맥주는 사브작 IPA알코올 5.8%, IBU 43, 걸 스타우트알코올 5.8%, IBU 22, 신포우리맥주America Pale Ale, 알코올 5%, IBU 20, 바나나WEIZEN, 알코올 5.0%, IBU 10, 윗웻웻WIT. WET. WET, 알코올 5%, IBU 10, 청보 핀토스IPA, 알코올 6.8%, IBU 55, 닥터필굿America Pale Ale, 알코올 4.8%, IBU 26 등 7가지이다.

사브작 IPA는 기존 IPA에 비해 홉보다는 몰트 향이 미각을 깨우는 느낌이다. 사브작 IPA 캔맥주 디자인은 '화양연화'가 연상된다. 꽃 길에서 사브작 사브작 맥주를 마시고 싶어진다. 브루어리에 인접한 신포동 이름을 딴 신포우리맥주는 전형적인 아메리칸 페일 에일 스타일로 음식과 페어링하기 좋아 사브작 사브작 IPA와 더불어 시작 술로 추천한다. 윗윗웻은 바나나 향이 인상적인 맥주로 바이젠을 좋아하는 이들이라면 놓치지 말아야 한다. 모든 맥주는 탭룸과 브루어리에서 테이크 아웃 가능하다. 칼리가리 브루잉은 아티스트와 협업 전시, 세미나와 문화 프로그램도 운영할 계획이다. 송도본점, 홍대상수점, 삼성점 직영 펍을 운영하고 있으며, 여러 가맹점도 있다. 강남역과 이태원, 익선동에도 곧 직영 펍을 연다고 하니 칼리가리 맥주를 만날 수 있는 밀실이 더 많아지겠다.

### 지은이의 두 줄 코멘트

**오윤희** 걸 스타우트를 추천한다. 로스팅한 맥아를 사용한 스타우트 스타일로 아로마와 탄산이 가미되어 있다. 시나몬 향과 조화를 이루어 깔끔하게 마시기 좋다.

**원관연** 주인의 취향이 가득 담긴 미러볼, 2층으로 올라가면 보이는 형형색색 유리, 센스가 돋보이는 맥주 라인업. 예술성과 감성을 깨우고 싶다면 이곳으로 가야 한다.

### 칼리가리 박사의 밀실 탭룸 안내

송도본점 **주소** 인천시 연수구 컨벤시아대로 116 푸르지오 월드마크 7단지상가 162호
　　　　 **전화** 032-4345-3020

홍대 상수점 **주소** 서울시 마포구 와우산로3길 16, 석진스토리 1층 **전화** 02-324-3020

삼성점 **주소** 서울시 강남구 테헤란로83길 14, 두산위브센티움 1층 106호 **전화** 02-568-4812

인천시청점 **주소** 인천시 남동구 미래로 17 이노플라자텔 1층 **전화** 032-433-6253

부평점 **주소** 인천시 부평구 대정로 72 **전화** 032-505-8321

인천 논현점 **주소** 인천시 남동구 논현남로 14-9 **전화** 070-4196-2222

서촌점 **주소** 서울시 종로구 자하문로1길 25 **전화** 070-7525-5981

수원 인계점 **주소** 경기도 수원시 팔달구 효원로265번길 54, 태산W타워 2층 204호
　　　　 **전화** 031-232-0107

발산 마곡점 **주소** 서울시 강서구 마곡중앙8로, 86 **전화** 02-3663-8485

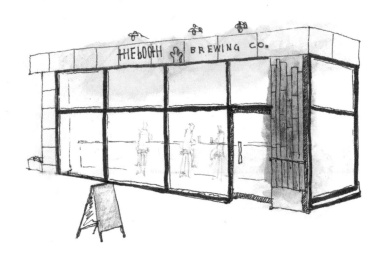

# 더 부스 판교 브루어리
## THE BOOTH PANGYO BREWERY

**퇴근길, 당신을 위한 알싸한 행복이 있는 곳**

더 부스의 대표 맥주는 국민 IPA이다. 2017 대한민국주류대상에서 대상을, 2018년 뉴욕국제맥주대회에서 은상을 받은 시그니처 맥주이다. 퇴근 길, 문화의 향기가 흐르는 골목을 지나 더 부스 판교로 가자. 거기, 선물 같은 위로가 당신을 기다리고 있다.

📍 경기도 성남시 분당구 운중로225번길 14-3 101(판교동)
📞 1544-4723(ARS 7번)
🕐 화~금요일 18:00~22:30 토·일요일 14:00~22:30(월요일 휴무)
≡ http://thebooth.co.kr/
🅕 🅞 theboothbrewing
브루어리 투어 ☐ 펍·탭룸 ☑

## 한국 맥주가 대동강 맥주보다 맛없다고 큰 소리 친 그들

유럽 여행을 하면서 가장 부러웠던 것 중 하나가 브루펍Brewpub. 양조장과 펍을 동시에 운영하는 복합 매장이었다. 이제는 우리도 이런 생활을 즐길 수 있게 되었다. 판교에도 브루펍이 생겼다. 글도 쓰고 맥주도 마실 겸 퇴근길에 사심 가득 안고 찾아가는 곳, 더 부스 판교 브루어리이다. '한국 맥주가 대동강 맥주보다 맛없다'는 기사를 써 맥주 시장을 흔들어 놓았던 전 이코노미스트 기자 다니엘 튜더, 한국의 한의사와 애널리스트, 이렇게 셋이서 뜻을 모아 2016년 서판교에 론칭한 도심 속 마이크로 브루어리소형 양조장다. 미국 캘리포니아에도 브루어리가 있다. 더 부스 판교는 공방과 스튜디오가 밀집한 '판교 아트로드 25' 골목에 있다. 옛 지번인 '판교동 25통'에서 이름을 따왔다. 퇴근 후 판교도서관을 가다가 우연히 케그Keg. 맥주를 저장하는 은색 작은 통를 발견하고 반가운 마음에 들어갔던 기억이 새롭다. 하지만 이제는 판교의 핫 플레이스가 되었다.

## 국내외에서 대상과 은상을 받은 맥주

더 부스의 대표 맥주는 국민 아이피에이알코올 7.0%이다. 2017 대한민국 주류 대상 시상식에서 크래프트 에일 맥주 부분 대상을, 2018 뉴욕국제맥주대회에서 아메리칸 스타일 IPA 부문 은상을 받은 시그니처 맥주이다. 최근 인기 몰이 중인 뉴 웨스트코스트 스타일의 크래프트 비어로 기존 제품보다 홉 향이 더 많이 가미되었다. 파인애플·망고·파파야 향과 더불어 신선한 맥주 맛을 느낄 수 있다. 더 부스의 맥주를 처음 접한다면, 대동강 페일 에일Pale Ale Taedonggang Mikkeller, 4.6%을 꼭 마셔보시라. 더 부스를 있게 해준 맥주로, 탁한 오렌지 빛이 감돈다. 오렌지·자몽·망고 등 상큼한 열대 과일 향이 나 가볍게 마시기 좋다.

더 부스는 '재미주의'를 추구한다. 엔터테이너 노홍철과 콜라보한 긍정신 레드 에일, 워터스포츠 브랜드 배럴과 함께한 배럴 세션 IPA, 국립극장과 함께한 제인 에어 앰버 에일, 경리단길 이름을 딴 경리단 힙스터 에일 유레카 서울 등 이

름이 재미있는 맥주가 많다. 긍정신 레드에일The Great God of Fun, 알코올 5.0%, 유레
카 서울Eureka Seoul Hop Ale, 알코올 6.5%은 2018 대한민국주류대상 크래프트 에일 부
문 수상작이다. 하나 팁을 주자면, 이곳은 따로 안주를 판매하지 않는다. 손님이
안주를 가지고 가 마셔도 된다. 그라울러맥주를 담는 보냉병 포장도 가능하다. 브루
어리 방문이 어렵다면 직영 펍을 방문하자. 경리단길, 이태원역, 강남, 건대 커먼
그라운드, 신용산역에 탭룸이 있다.

> 하루 끝자락에 마시는 차가운 맥주야말로 삶이 우리에게 줄 수 있는 최고의
> 선물일지도 몰라요. –무라카미 하루키 <태엽 감는 새> 중에서

하루키의 소설 한 구절처럼, 인생 최고의 선물은 그리 멀지 않은 곳에 있다. 퇴
근 길, 문화의 향기가 흐르는 골목을 지나 더 부스 판교로 가자. 거기, 선물 같은
위로가 당신을 기다리고 있다.

### 🔖 지은이의 두 줄 코멘트

**오윤희** 국민 아이피에이는 더부스의 대표 IPA이다. 맛과 향이 알코올 도수와 잘 어울린다. 한잔
만 마셔도 퇴근길의 행복을 만끽할 수 있다. 벌써 침이 꼴깍 넘어가는구나.

**원관연** 나에겐 대동강 페일 에일이 딱 맞는 맥주였다. 홉의 알맞은 쓴 맛과 상큼한 과일 향이 잘
어울러져 입안을 즐겁게 해준다. 처음 더부스 맥주를 접하는 사람에게 딱 어울리는 맥주이다.

### 더 부스의 직영 탭룸 안내

경리단점 **주소** 서울시 용산구 녹사평대로54길 7 **전화** 1544-4723(ARS 1번)
이태원역점 **주소** 서울시 용산구 이태원로27가길 36 **전화** 1544-4723(ARS 2번)
강남 1호점 **주소** 서울시 서초구 강남대로53길 11 서초동 삼성쉐르빌2 **전화** 1544-4723(ARS 3번)
강남 2호점 **주소** 서울특별시 강남구 강남대로98길 12-4 **전화** 1544-4723(ARS 4번)
삼성점 **주소** 서울시 강남구 테헤란로83길 40 **전화** 1544-4723(ARS 5번)
건대 커먼그라운드점 **주소** 서울시 광진구 아차산로 200 **전화** 1544-4723(ARS 6번)
신용산역점 **주소** 서울시 용산구 한강대로100 **전화** 1544-4723(ARS 8번)

# 더 테이블 브루잉 컴퍼니
## THE TABLE BREWING COMPANY

___

### 24년, 오랜 시간을 머금은

브루하우스 더 테이블은 1994년 종로에서 양조와 수입 맥주를 함께 판매하면서 시작되었다. 지금은 고양시 풍동에 터를 잡았다. 브루어리엔 처음부터 함께 해온 황금빛 양조 시설이 전시되어 있다. 그 안엔 더 테이블의 시간 24년이 진득하게 담겨 있다.

📍 경기도 고양시 일산동구 백마로 504(풍동)
📞 070-8241-2939
🕐 주중 16:00~02:00 주말 14:00~02:00
≡ www.brewhousethetable.co.kr
🅕 🅞 thetablebrewing
브루어리 투어 ☑  펍·탭룸 ☑

## 아름다운 추억을 떠올려준다

더 테이블은 1994년 종로에서 양조와 수입 맥주를 함께 판매하면서 시작되었다. 지금은 고양시 풍동에 터를 잡은 가족 브루어리이다. 운영은 윤재원 이사가 담당하고 있지만, 브루어리 사업을 시작하자고 제안한 이는 어머니였고, 윤이사의 형은 시설을 담당하고 있다. 더 테이블에는 24년의 시간이 진득하게 담겨 있다.

어른이 되고 보니 가끔 동심이 그리워질 때가 있다. 목욕 바구니를 들고 엄마와 함께 가던 동네 골목길이 그립기도 하고, TV 앞에 앉아 동생과 함께 주제가를 부르며 보던 만화가 그립기도 하다. 특히 <시간탐험대>라는 일본 만화에서 본 주전자 모양 타임머신 '돈테크만'은 어린 시절을 떠올릴 때마다 미소 짓게 하는 특별한 친구이다. '돈데기리기리 돈데기리기리 돈테크만!'이라고 외치면 이 타임머신은 주인공 어린이들을 싣고 과거로 혹은 미래로 옮겨 다니며 흥미진진한 모험을 보여주었다. 이 만화를 기억한다면 여러분도 나처럼 미소를 머금게 될지도 모르겠다.

더 테이블은 어린 시절의 추억을 떠올리게 해줘 정감이 간다. 브루어리엔 오래된 황금빛 양조 시설이 전시되어 있다. 처음 브루어리를 시작할 때부터 함께 해온 더 테이블의 보물이다. 이 시설을 볼 때마다 타임머신 '돈테크만'이 떠오른다. 오랜 '시간'이 묻어 있어 주전자 모양의 타임머신을 바라보는 기분이 드는 것이다. '더 테이블'이라는 브루어리 이름에도 스토리가 있다. 종로에서 브루어리를 운영할 때 숙성조를 테이블 아래에 두어, 손님이 테이블에서 바로 신선한 맥주를 마실 수 있게 했었다. 브루어리 이름은 이 점을 염두에 두고 지은 것이다.

## 꿀, 유자, 홍삼까지 활용한 다양한 맥주들

더 테이블의 맥주는 국내에 몇 대 없는 독일 카스파리CASPARY 사의 시설에서 생

산되며, 모두 16가지 맥주를 맛볼 수 있다. 처음으로 만든 맥주는 허니 브라운 에일이다. 국산 꿀을 첨가하여 발효시킨 맥주인데, 은은한 꿀 향이 나는 게 특징이며, 지금도 꾸준히 사랑 받고 있다. 더 테이블 IPA도 추천한다. 직접 레시피를 개발해 양조한 맥주로 2016년부터 3년 연속 대한민국주류대상을 수상한 더 테이블의 자랑이다.

상큼한 맥주를 찾는다면, SH유자에일을 추천한다. 'SH'는 양조자 이름의 이니셜이다. 고흥산 유자로 만든 페일 에일로 유자와 맥주의 콜라보가 환상적이다. 이 맥주도 3년 연속 대한민국주류대상을 수상했다. 파주 홍삼을 활용한 필스너와 바이젠, 국산 천일염이 첨가된 오 마이 고제, 고양 페일 에일 등에는 지역과 소통하려는 마음이 깃들어 있다. 고양시의 또 다른 브루어리 플레이그라운드와 협업하여 양조한 자유로 IPA알코 7.7%, IBU 77도 판매 중이다.

더 테이블에선 시간이 천천히 흐른다. 고양까지 가기가 번거롭다면 종로 보신각과 마포 애오개역 근처에 있는 탭룸으로 가자.

💬 **지은이의 두 줄 코멘트**

**오윤희** 오 마이 고제Oh My Gose는 소금과 맥주의 만남이 이색적이다. 소금 본연의 짠 맛이 어떻게 맥주와 어울릴지 궁금한 분들에게 추천한다. 맛의 자극이 크지만, 매력도 그만큼 크다.

**원관연** SH유자에일은 코를 대지 않아도 유자 향이 확 밀려든다. 한 모금 머금으면 쌉싸름한 맛과 유자 내음이 입안에서 작은 축제를 벌인다. 마시고 난 뒤에도 입안에 유자 향이 맴돌아 좋다.

**더 테이블 탭룸 안내**

종로점 **주소** 서울시 종로구 우정국로2길 21(관철동) **전화** 02-733-8883 **영업시간** 16:00~02:00
서른 탭룸 **주소** 서울시 종로구 종로 102-1(관철동) **전화** 02-723-2939
　　　　**영업시간** 18:00~02:00(금·토요일 ~04:00까지) **SNS** 30taproom (인스타그램)
마포 탭룸 **주소** 서울시 마포구 마포대로 183-6(아현동) **전화** 02-735-8882
　　　　**영업시간** 11:00~01:00 **SNS** thetablebrewing_mapo(인스타그램)

# 플레이그라운드 브루어리
## PLAYGROUND BREWERY

### 어른들의 놀이터 신명나게 한판 놀아보자!

플레이그라운드는 어른들의 놀이터를 지향한다. 누구나 어울려 맥주를 마시며 신나게 한판 놀아보자는 생각을 담아 양조장 이름을 '플레이그라운드'라 지었다. 대중교통으로 찾아가기는 어렵지만, SNS에서 핫 플레이스로 소문이 나면서 늘 방문객이 이어진다.

📍 경기도 고양시 일산서구 이산포길 246-11(법곳동)

📞 031-912-2463

🕐 11:30~22:00(월요일 휴무)

☰ www.playgroundbrewery.com

f playgroundbrewery ⓞ playground_brewery

브루어리 투어 ☑ 펍·탭룸 ☑ 굿즈숍 ☑

## 하회 탈놀이가 맥주에 녹아들었다

세 남자가 만났다. 김근하, 김재현, 천순봉은 흥겹게 탈춤을 추듯 맥주를 만들며 신나게 놀아보고 싶은 마음에 브루어리를 차렸다. 이산포JC 지나 자유로 옆에 있어 대중교통으로 찾아가기는 어렵지만, SNS에서 핫 플레이스로 입소문이 나면서 늘 방문객이 이어진다. 양반과 천민, 상민 모두가 즐겁게 한 판 놀아보자고 외치는 하회 별신굿 탈놀이처럼 맥주로 한 판 놀아보자는 생각을 담아 이름을 '플레이 그라운드 브루어리'라 지었다. 옛 사람들이 탈놀이를 하며 대동세상을 꿈꾸었듯이 이곳에 온 사람들은 대한민국이 차별 없이 모두가 신명 나게 사는 나라가 되기를 소망하게 된다. 최순실 국정 농단 사건으로 구설수에 오른 회사와 이름이 같아 유명세를 타며 덩달아 인터넷에서 많이 검색되었다는 에피소드도 전해진다.

'Don't Pause, Just Play'라는 로고와 미끄럼틀 인테리어가 눈길을 끈다. 생활에 혹은 삶에 지친 어른들의 놀이 공간 같다. 맥주 이름도 하회 별신굿 탈놀이에 등장하는 캐릭터를 모티브 삼아 지었다. 하회 별신굿 탈놀이는 고려시대부터 전해져 오는 가면극으로 중요무형문화재 제69호이다. 유네스코에서 인정받은 세계문화유산으로 안동 하회마을에서 전승되어 오고 있다. 하회 탈놀이는 평민들이 사회에 대한 불만을 해학적으로 풀어낸 놀이이자, 양반 사회를 비판하고 풍자하는 연희였다. 플레이그라운드는 하회탈과 만나면서 가장 한국적인 브루어리가 되었다.

## 탈을 새겨 넣은 한국적인 맥주

양반탈을 모티브 삼은 더 젠틀맨은 필스너 스타일의 금색 라거 맥주로 알코올 함량이 7.6도이다. '소맥'을 좋아하는 사람들을 위해 만든 맥주로 플레이그라운드의 대표 맥주로 사랑받고 있다. 젠틀맨은 2018 대한민국주류대상 크래프트

라거 부문 대상을 받았다. 좀 더 특별한 맥주를 마셔보고 싶다면, 각시탈을 모티브로 한 더 미스트레스The Mistress를 추천한다. 맥주 입문자들에게 생소한 세종 스타일Saison, 벨기에 농주로 우리의 막걸리처럼 걸쭉하고 시큼한 맛이 난다. 이지만, 프렌치 효모를 첨가하여 대중적인 스타일로 만들어 부담 없이 즐길 수 있다.

여성들에게는 더 마담The Madam Wheat Ale을 추천한다. 알코올 함량 5.6도의 밀 맥주로 체리 타르트를 첨가하였다. 밀의 부드러움과 향긋하고 달콤한 체리 향을 느낄 수 있다. 맛이 사랑스럽다. 같은 고양에 위치한 브루하우스 더 테이블과 공동으로 양조한 '자유로 777'도 마셔보자. 더블 IPA로 더블 드라이 홉핑하여 알코올 함량이 7.7%, IBU는 77이다. 올 겨울에는 첫 사워 에일을 출시할 예정이다. 이곳은 음식 또한 엄지 척을 들 정도다. 르꼬르동블루 출신 쉐프가 선보이는 음식은 미슐랭 가이드에 나오는 맛집 부럽지 않다.

플레이그라운드 브루어리는 어른들의 신명나는 놀이터다. 맥주를 마시며 즐겁게 놀고 싶은 이라면 누구나 환영한다. 탭룸과 브루어리를 함께 운영하고 있으며, 캔 맥주로 테이크 아웃도 가능하다. 인천 송도에 직영 탭 하우스도 운영하고 있다. 다가오는 5월에는 서울 당인리 발전소에 문화복합공간을 지향하는 탭 하우스를 오픈한다.

### 🗨 지은이의 두 줄 코멘트

**오윤희** 홉을 좋아해 홉을 많이 넣은 IPAIndia Pale Ale를 즐기는 편이다. 하지만 가끔 세종Saison이 그리울 때가 있다. 이럴 땐 더 미스트레스를 마신다. 감칠맛이 그리운 이에게 추천한다.

**원관연** 젠틀맨 라거를 추천한다. 라거 본연의 깔끔함과 7.6도라는 비교적 높은 알코올 도수에서 오는 제법 강한 기운이 동시에 느껴지는 쌉싸름한 맥주다.

**플레이그라운드 탭 하우스 송도점**
**주소** 인천광역시 연수구 컨벤시아대로 80, 힐스테이트 401동 139호
**전화** 032-831-5698 **영업시간** 12:00~24:00(월요일 휴무) **인스타** playgroundsongdo

# 레비 브루잉 컴퍼니
## LEVEE BREWING COMPANY

---

**다음엔 꼭 아빠와 함께 가고 싶은 곳**

맥주 좀 아는 이들이라면, '레비 브루잉' 하면 부산을 떠올릴 수도 있겠다. 2002년 도지마 비어하우스라는 이름으로 부산에서 출발한 까닭이다. 수원에 터를 잡은 것은 2004년이다. 무제한 메뉴를 주문하면 3시간 동안 맥주 4종을 무제한 맛볼 수 있다.

📍 경기도 수원시 영통구 영통로 103 뉴엘지프라자 203호(망포동)

📞 031-202-9915

🕐 월~금 18:00~03:00, 토 18:00~24:00(일요일 휴무)

☰ www.leveebrewing.company

ⓕ leveebrewing ⓘ levee_korea

브루어리 투어 ☐ 펍·탭룸 ☑

## 아버지를 떠올리게 하는 브루어리

몇 해 전, 나는 퇴사를, 아버지는 정년 퇴임을 하고 한 달간 둘이 지낸 적이 있다. 자발적으로 일자리를 포기한 터여서 눈치가 보였다. 생각 없이 지내는 듯 보이는 딸이 마음에 안 드셨는지 아버지는 하나 둘 참견을 했다. 그러던 어느 날, 아버지는 오래된 앨범을 꺼내 이런저런 이야기를 하셨다. 뭘 이런 걸 보냐며 무심하게 대꾸했지만 마냥 싫지는 않았다. 그 즈음 나는 아버지가 대화를 하고 싶어 한다는 걸 알았다. 아버지는 노는 법도, 딸과 대화하는 법도 서툴렀다. 그랬다. 아버지는 평생 일만 했던, 쉴 줄도 대화할 줄도 모르는 우리시대의 '아빠'였다. 졸지에 무정한 딸이 되어 버렸지만, 다행인 것은 한달 동안 아빠와 가장 많은 이야기를 나눴다는 사실이다. 처음으로 옥신각신 다투기도 했다. 그 기억이 새삼 따뜻하게 떠오른다.

> 1989년에 탐구생활 풀던 날 / 마루로 불러 내셔서 아버지께선 맥주를 따라 주셨네 / 어머닌 깜짝 놀라며 애한테 무슨 짓이냐 하셨지 /아버진 껄껄 웃으며 상관없다며 이렇게 말씀하셨네 / 맥주는 술이 아니야 / (중략) 인생을 적셔줄 뿐이야
> -바비빌 노래 〈맥주는 술이 아니야〉 가사 중에서

수원시의 유일한 브루펍 레비 브루잉 컴퍼니는 아버지를 떠올리게 해준다. 2018년 2월, 리뉴얼 작업으로 로고가 바뀌었지만, 이전 로고는 독특하게도 화난 듯 웃는 눈동자였다. 배우용 대표의 딸이 맥주를 마시기 전과 후의 아빠 표정을 담은 그림이다. 동심이 담긴 그림에는 아빠를 향한 사랑이 넘쳤다.

## 좋은 술은 소문내지 않아도 알아준다

맥주 좀 아는 이들이라면, '레비 브루잉' 하면 부산을 떠올릴 수도 있겠다. 2002년 도지마 비어하우스라는 이름으로 부산에서 시작한 까닭이다. 수원에 터를 잡

은 것은 2004년이다. 레비 브루잉의 '레비'Levee는 영어로 '제방, 뚝방'이란 뜻이다. 실제 브루어리가 위치한 영통구 망포동은 조선시대에 제방이 있었다고 한다. 그레이 윈드, 썸머, 나이트 헌팅, 레드 코스트. 이곳에서 마실 수 있는 연중 맥주는 네 가지다. 그레이 윈드알코올 4.7%, IBU 15는 밀 맥주로 신선한 효모 향이 인상적이다. 서머Kölsch Summer, 알코올 5.2%, IBU 18는 독일 쾰른 지방의 쾰쉬 스타일 맥주로 쌉싸름하면서도 맛이 깨끗하다. 배와 풋사과 향이 깔끔하게 떨어지고 뒷맛이 상큼하여 초여름을 떠올리게 해준다. 나이트 헌팅알코올 7.1%, IBU 64은 밀키한 크림과 진한 아로마가 향긋하게 올라온다. 레드 코스트알코올 6.8%, IBU 58는 해질녘 느낌을 맥주로 표현했다. 몰트의 고소함과 쌉싸름하면서도 향긋한 홉의 향이 절묘하게 조화를 이루는 맥주다. 이외에도 2018년 첫 시즈널 맥주로 선보인 블랙라거는 괴테가 사랑한 슈바르츠 비어에서 영감을 얻어 만들었다. 청량한 목넘김이 인상적이다. 쌀이 들어간 맥주 米수원는 레비 브루잉에서만 맛볼 수 있다. 레비 브루잉의 맥주를 한번에 알기 원한다면 무제한 메뉴를 주문하자. 3시간 동안 26,600원으로 시즈널 맥주를 제외한 4종의 맥주를 무제한 맛볼 수 있다. 조금씩 맛보고 싶다면 샘플러 4종을 주문해도 좋다. 캔맥주를 테이크 아웃으로 즐길 수도 있다. 수원시 브루펍답게 지역 축구단 수원 블루윙스와 다양한 이벤트도 진행한다. 수제 맥주 펍 비어웍스BEER WORKS는 레비 브루잉 맥주를 전문으로 판매한다. 종로, 분당, 판교, 천안, 산본, 발산, 부산에 매장이 있다.

### 🗨 지은이의 두 줄 코멘트

**오윤희** 레드 코스트를 추천한다. 붉은 색을 띠는 이 IPA는 내 마음도 심쿵하게 만든다. 다른 브루어리의 IPA보다 캐러멜 풍미가 더욱 진하게 잔감으로 남는 게 이색적이다.

**원관연** 쾰쉬 서머를 추천한다. 에일의 쌉싸름한 맛이 살짝 나면서 과일 향으로 깔끔하게 마무리된다. 여러 잔을 마셔도 처음 그 느낌을 느낄 수 있어서 좋다.

# 더 핸드앤몰트
## THE HAND AND MALT

---

### 전문가들이 선정한 최고 브루어리

더 핸드앤몰트에는 '국내 최초'라는 수식어가 많이 따라 붙는다. 최초로 김치 유산균 맥주를 개발하고, 오크통 숙성 프로그램을 처음으로 시행한 까닭이다. 브루어리에는 비어 펍이 없다. 다만, 내자동 한옥 탭룸에 가면 이 '최초'의 맥주들을 즐길 수 있다.

📍 경기도 남양주시 화도읍 폭포로 361-1

📞 031-593-6258

≡ http://thehandandmalt.com/

🅕 🅞 thehandandmalt

브루어리 투어 ☐ 펍·탭룸 ☑

## 실력파 브루어리가 선사하는 맥주의 향연

경기도 남양주시에 있는 '더 핸드앤몰트'는 맥주 마니아에게 진정한 맛의 향연을 선사하는 브루어리이다. 더 핸드엔몰트는 세계적인 맥주 전문가들이 심사위원으로 참여하는 맥주 콘테스트International Beer Cup에서 당당히 은상을 수상했다. 뿐만 아니라 국내 맥주 전문가들이 모인 비어 마스터 클럽에서도, 비어 포스트 서베이 리포트에서도 국내 최고 브루어리로 선정되었다.

실력파답게 더 핸드앤몰트에는 '국내 최초'라는 수식어가 많이 따라 붙는다. 국내 최초로 김치 유산균 맥주를 개발하였고, 국내 최초로 배럴 에이지드 프로그램맥주를 오크통에 넣어 숙성시키는 프로그램을 시행하였다. 우리나라에서 처음으로 국내에서 재배한 홉으로 맥주를 만들었고, 크래프트 비어 캔맥주를 최초로 출시한 것도 더 핸드핸몰트이다.

## 저알콜 맥주부터 크래프트 사과주까지

이곳의 대표 맥주는 슬로우 아이피에이와 애플 사이더Apple Cider이다. 슬로우 아이피에이알코올 4.6%는 황금빛에 시트러스 아로마 향이 완벽하게 스며들어 있다. 바디감이 깔끔한 게 특징이다. 'World Beer Awards 2017'의 'Session IPA부문' 수상작이다. 특히 꽃이나 감귤 향이 나 트로피컬한 맛을 느끼게 해주며, 맛이 전체적으로 기존의 IPA보다 한층 발랄하다. 편하게 마실 수 있어 누구에게나 추천하고 싶다.

애플 사이더는 더 핸드앤몰트가 크래프트 사과주Craft Cider 회사를 설립하여 출시한 국내 최초의 애플 사이더이다. 천연의 글루텐 프리Gulten Free, 글루텐이 포함되지 않은 사과만으로 양조한 6.7도의 청량한 과실주이다. 상큼한 사과 향이 기분 좋게 코를 자극한다. 애플 사이더 외에도 홉 사이더Hopped Cider, 알코올 5.9%도 판매 중이다. 벨지안 듀벨과 모카 스타우트도 인기가 많다.

더 핸드앤몰트는 브루어리에 펍을 두고 있지 않지만, 종로구 내자동에 탭룸을 운영하고 있다. 브루어리가 MT 장소로 유명한 대성리와 가까이 있어서 주말이면 대학생과 나들이 나온 사람들이 맥주를 사기 위해 많이 찾아온다. 지역 주민들도 즐겨 찾는다. 캔맥주 제품 패키지를 한지로 디자인하여 선물용으로 안성맞춤이다. 양손 가득 맥주를 들고 집으로 돌아오는 즐거움을 만끽할 수 있다. 더 핸드앤몰트의 맥주를 마음껏 즐기려면 종로구 내자동, 경복궁역 부근에 있는 한옥 탭룸에 가면 된다. 더 핸드앤몰트의 직영 탭룸이다. 서울경찰청 옆 한옥 골목, 모르고 지나쳐도 이상하지 않을 좁고 아늑한 골목에 있다. 한옥과 미닫이문, 모던한 오픈 키친이 구현하는 전통과 현대의 조화가 매력적이다. 맥주를 마시면서 더 핸드앤몰트의 창의적인 음식 '아란치니'와 '홉 잎 튀김'도 즐길 수 있다. '아란치니'는 맥주 보리를 100% 사용하여 만든 것이다.

### 🗨 지은이의 두 줄 코멘트

**오윤희** 벨지안 듀벨을 추천한다. 전통 엿에 트래피스트 액체 효모를 사용해 만든 맥주이다. 더 핸드앤몰트의 비전을 담아 한국적인 맛을 더했다. 달고 구수한 맛부터 드라이한 건포도, 자두, 캐러멜 향까지, 한 모금 넘기는 순간 입안에서 맛과 향의 향연이 펼쳐진다.

**원관연** 모카 스타우트를 추천하고 싶다. 부드럽게 들어오지만 거친 듯 드러나는 커피 향이 입안을 가득 채우고 넘어간다.

**더 핸드앤몰트 내자동 탭룸 주소** 서울시 종로구 사직로12길 12-2 **전화** 02-720-6258
**영업시간** 월~목요일 18:00~01:00 금요일 17:00~01:00 토요일 15:00~23:00(일요일 휴무)
**인스타그램** thehandandmalt_taproom

# 카브루
## KABREW

---

### 대한민국 1세대 수제 맥주 브루어리

카브루의 마스코트는 꼬리가 아홉 개 달린 구미호이다. '변신의 귀재'로 알려진 구미호처럼 맥주 맛을 각양각색으로 구현하고 싶은 꿈을 마스코트에 담았다. 카브루는 브루어가 직접 안내하는 양조장 투어를 진행한다. 서초구 서래마을에 직영 탭룸이 있다.

📍 경기도 가평군 청평면 상천리 수리재길 17
📞 02-3143-4082
☰ kabrew.co.kr
🅵 🅾 kabrewbeer
브루어리 투어 ☑  펍·탭룸 ☑

## 구미호처럼 각양각색의 맛을 구현하다

서울에서 북동쪽으로 50km 남짓 달리면 청평호가 나온다. 청평淸平은 이름에서
이미 드러나 있듯이 '물이 맑고 더없이 평화로운' 곳이다. 카브루는 이렇듯 맑
고 아름다운 청평에 보금자리를 튼 자연 속의 브루어리이다. 맥주는 물맛에서
비롯된다는데, 청평의 물과 공기로 만든 맥주는 어떤 맛일까 자못 기대가 된다.
카브루는 수제 맥주 업계에서는 알아주는 대한민국 1세대 브루어리다. 2000년
부터 양조를 시작했으니까 지금의 크래프트 비어 열풍을 이끌어 온 선구자 중
하나이다. 카브루의 마스코트는 꼬리가 아홉 개 달린 구미호다. 전설 속 동물
을 마스코트로 삼았지만 생김새가 무섭지 않고, 오히려 귀엽기까지 하다. 구미
호를 마스코트로 정한 이유는 '변신의 귀재'로 알려진 구미호의 특징적인 매력
을 맥주에서 구현해내고 싶어서였다. 맥주 맛을 구미호의 변신 못지않게 각양
각색으로 구현하겠다는 정신을 담고 있는 것이다.

## 브루어리 투어도 하고 맥주 마시며 워크숍도 하고

카브루에서는 30종이 넘는 맥주를 두 개 브루어리에서 양조한다. 그 중에서 모
자익 아이피에이Mosaic IPA, 알콜 6.5%, IBU 41는 카브루의 시그니처 맥주로 가장 대중
적인 사랑을 받고 있다. 모자익 홉감귤, 장미, 블루베리 향을 가진 홉의 한 종류의 상큼한 시
트러스 향이 매혹적이다. 쌉쌀한 맛이 덜해 처음 크래프트 비어를 접하는 사람

⊕ TIP

브루어리 투어와 워크숍 프로그램
카브루의 공식적인 투어 프로그램이다. 수제 맥주 생산 시설 견학, 비어 클래스, 맥주 시음 코스로 진행된다.
탭룸은 야유회 및 워크숍 장소로 대관도 가능하다. 사전 예약 후 방문하자.
**전화** 02 3143 4082 **투어** 예산 2~3만원
**워크숍 장소 임대** 20만원(15인 기준, 1인 추가시 5천원, 바비큐 그릴 및 숯 이용료 1만5천원 별도)

도 부담 없이 즐길 수 있다. 피치 에일Peach Ale, 알코올 4.5%, IBU 7.8은 봄이 무르익어 가는 계절에 잘 어울리는 맥주이다. 복숭아 원액을 첨가해 싱그러운 향이 나고 청량감이 감돌아, 연인에게 잘 어울린다. 그래서 피치 에일은 일명 '작업 맥주' 로도 통한다. 앨리컷Alleykat, 알코올 4.5%, IBU 28은 해외 맥주 애호가의 극찬을 받고 있는 캐나다 앨리컷 사의 풀 문 페일 에일Full Moon Pale Ale의 레시피로 만든 맥주 이다. 다양한 홉의 조합이 뛰어난데, 오직 카브루에서만 맛볼 수 있다.

카브루는 2018년 9월 '가평수제맥주축제 in 자라섬'을 개최한다. 근교 나들이 코스로 제격이다. 브루어가 직접 안내하는 브루어리 투어도 진행한다. 산 좋고 물 좋은 청평호로 나들이를 나섰다면 브루어리 투어에 꼭 참여해보자. 곧 제3브 루어리도 연다고 하니 맥주 여행이 더 풍요로워질 것 같다.

가평까지 가기 번거롭다면 서울 서래마을에 있는 직영 탭룸, 크래프트 하우스 공방으로 가자. 카브루 맥주 15종과 Rurussian River, Drake's, Bell 같은 해외 마이크로 브루어리의 맥주도 즐길 수 있다.

**지은이의 두 줄 코멘트**

**오윤희** 앨리컷을 추천한다. 맥주 애호가에게 극찬을 받는 캐나다 앨리컷 사의 레시피로 만든 다. 홉의 조합이 뛰어난 맥주이다. 마치 고양이처럼 야금야금 당신의 마음을 사로잡을 것이다.

**원관연** 피치 에일을 추천한다. 청량하고 상큼하게 입안을 적셔준다. 마치 싱그러운 봄을 마시 는 것 같다.

**서래마을 크래프트 하우스 공방**
**주소** 서울시 서초구 서래로6길 7 **시간** 매일 17:00~02:00(Break Time 15:00~17:00)
**전화** 02-594-2018 **SNS** gongbang_crafthouse(인스타그램)

# 히든 트랙
## HIDDEN TRACK

---

**보석 같은 맥주 '엘리제'를 마시자**

히든 트랙은 고대 부근에 있던 브루어리를 최근 경기도 양주시로 이전했다. 안암오거리와 회기동 경희대 앞에 직영 펍을 운영하고 있다. 고려대 홈 브루잉 동아리, 재즈 동호회와 더불어 정기적으로 재즈 공연을 하며 새로운 맥주 문화를 만들어 가고 있다.

📍 경기도 양주시 화합로 1754(율정동)
📞 070-4286-9193
🅕 thehiddentrack 🅘 hiddentrackbrewing
브루어리 투어 ☐ 펍·탭룸 ☑

## 재즈 공연이 열리는 안암동의 브루펍

CD 플레이어가 한창 인기 있던 시절, 끝난 줄 알았던 음악이 다시 이어지는 경우가 종종 있었다. 우리는 그 음악을 히든 트랙이라 불렀다. 서울 안암오거리에도 히든 트랙이 있다. CD 플레이어의 숨겨진 트랙처럼, 고대 부근에서 맥주 맛이 좋기로 소문이 난 펍이다. 처음엔 브루펍이었다. 세 남자박인규, 이현승, 정인용가 공동 창업했는데, 셋은 음악과 사진, 맥주를 좋아하는 공통점을 가지고 있었다. 처음엔 낮에는 작업실로, 밤에는 양조장으로 사용했으나, 맥주를 함께 마시자는 생각으로 작업 공간을 오픈하면서 히든 트랙이 탄생했다. 히든 트랙에서 정기적으로 양조되는 맥주는 엘리제, 벨리제, 벨지안 윗비어, 블랙아웃 등 네 가지다. 시즌 별로 맛볼 수 있는 맥주는 두 종류이다. 그런데 2018년 3월 경기도 양주시에 공장을 짓고 브루어리만 이전했다. 맥주 소풍 떠날 곳이 한 곳 더 늘었다. 히든 트랙의 펍에서는 종종 고려대 학생들과 협업하여 공연 이벤트를 연다. 히든 트랙과 홈 브루잉 동아리, 재즈 동호회가 힘을 모아 정기적으로 재즈 공연을 진행하면서 새로운 맥주 문화를 만들어 가고 있다.

## 엘리제를 위한 맥주

고려대 응원가 중에서 베토벤의 클래식 명곡 '엘리제를 위하여'를 경쾌하게 편곡한 음악이 있다. 엘리제Elise, 알코올 5.3%, IBU 22, SRM 6는 이 응원가에서 따다 이름을 지었으며, 히든 트랙의 자존심이자 대표 맥주이다. 균형 잡힌 바디감과 아로마 향이 절묘하게 조화를 이루고 있어 많은 사람들이 찾는다. 이 맥주를 마시면 곧 사랑에 빠질 것 같은 기분이 든다. '엘리제'는 응원가이기도 하지만 베토벤이 사랑한 여인이 아니던가.

엘리제를 벨기에 식으로 재해석한 벨리제Bellise, 알코올 5.3%, IBU 20, SRM 6는 엘리제보다 더 다양한 과일 풍미를 느낄 수 있다. 벨지안 윗비어Belgian Witbier, 알코올 4.6%,

IBU 10, SRM 3는 오렌지 향과 코리엔더고수 향이 조화를 이루는 밀 맥주이다. 블랙아웃Blakout, 알코올 5.5%, IBU 18, SRM 28은 아메리칸 스타우트이다. 손님들에게 많은 사랑을 받고 있는 맥주이다. 겨울 한정 시즌 맥주로 나온 스모크 어 랏Smoke a Lot, 알코올 4.7%은 너도밤나무로 훈연한 맥아를 사용해 만들었다. 부드러운 듯 진한 맛이 난다.

히든 트랙은 제기동 안암오거리 근처 안암점에 이어 회기동 경희대학교 앞에도 직영 펍을 운영하고 있으며, 1리터씩 병으로 테이크 아웃도 가능하다.

💬 **지은이의 두 줄 코멘트**

**오윤희** 엘리제를 추천한다. 바디감과 아로마 향이 절묘하게 조화를 이루어 누구나 마시기 좋다. 고대생도, 안암동 주민도, 당신도 모두 '엘리제를 위하여!를 외치게 만드는 맥주다.

**원관연** 벨리제를 추천한다. 다양한 과일 향이 입안에서 터져 나온다. 재즈 음악이 맥주의 맛을 더욱 감성적으로 느끼게 해준다.

**히든 트랙 직영 펍 안내**
안암점 **주소** 서울시 동대문구 약령시로 6 지하 1층 **전화** 070-8801-9744
　　　　 **영업시간** 월~토요일 16:00~01:00 일 16:00~24:00
회기점 **주소** 서울시 동대문구 회기로 149-3 지하 1층 **전화** 070-4225-9744
　　　　 **영업시간** 매일 18:00~01:00(일요일 휴무)

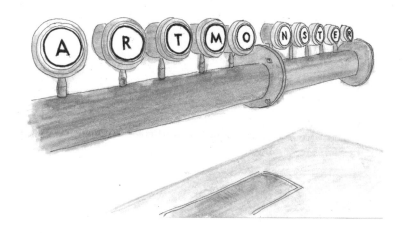

# 아트 몬스터 브루어리

## ART MONSTER BREWERY

**수제 맥주 명가가 바로 여기로군!**

아트몬스터는 브루어리를 런칭하기에 앞서 약 5년 동안 500회 이상 시험 양조를 진행했다. 노력은 결과로 이어져, 미국의 각종 브루어리 대회에서 무려 70여 개가 넘는 상을 받았다. 국내에 알려지기 전에 이미 미국에서 맛과 품질을 인정받은 셈이다.

📍 경기도 군포시 공단로 181(금정동)

📞 031-562-6853

🕐 주중 10:00~19:00

☰ www.artmonster.co.kr

📘 📷 artmonsterbrewery

브루어리 투어 ☑  펍·탭룸 ☑

## 빅 픽처를 그리는 프리미엄 브루어리

기네스, 바바리아, 듀벨 무르트가르트. 유럽에는 집안 대대로 양조를 하며 현재까지 명성을 이어오는 맥주 명가들이 많다. 역사는 짧지만 우리나라에도 미래의 맥주 명가를 꿈꾸는 브루어리가 있다. 예술처럼 감동적이고, 몬스터처럼 파격적인 프리미엄 수제 맥주를 만들겠다는 브르어리. 맥주 명가라는 '빅 픽처'를 그리고 있는 아트몬스터이다.

아트몬스터 브루어리는 출발 단계부터 완벽함을 추구했다. 브루어리를 런칭하기에 앞서 약 5년 동안 500회 이상의 시험 양조를 진행했다. 노력은 결과로 이어졌다. 미국에서 개최하는 각종 브루어리 대회에 참가하여 무려 70여 개가 넘는 상을 받았다. 국내에 알려지기 전에 이미 미국에서 맛과 품질을 인정받은 셈이다. 그 사이 세계 브루어리를 여행하며 양조 기술을 축적하고, 양조 설비도 최고급으로 인정받는 독일의 'Kasper Schulz'를 국내에서 처음으로 도입하였다. 경기도 군포에 있는 브루어리는 600여 평이다. 1층과 2층에는 양조장이, 3층과 4층엔 안주와 음식을 만드는 센트럴 키친과 음식 유통 시설이 들어서 있다. 맥주와 음식 메뉴까지 브루어리에서 만들어 직영 매장과 가맹점에 보내고 있다.

## 잡스와 청담동 며느리, 맥주 이름이 재미있다

아트몬스터에서 맛볼 수 있는 맥주는 청담동 며느리Vienna Lager, 몽크 푸드Czech Dark Lager, 첫사랑의 향기Belgian Wit Ale, 이태원 프리덤German Bavarian Hefeweizen Ale, 마이버킷리스트Belgium Rye Saison Ale, 세종대왕Belgium Rye Saison Ale, 잡스German Coffee Kölsch Ale, 수다 스폰서Pink Grapefruit Session IPA, 운짱German Pilsner Lager, 핵존심Belgian

TIP

세종Saison 벨기에의 농주에서 비롯된 에일 맥주. 산미와 과일 향이 나는 게 특징이다. 농주라는 의미 그대로 팜하우스 에일Farmhouse Ale이라고 부르기도 한다.

Golden Strong Ale 이블콜링American Imperial Brown Stout Ale 등이다. 아트몬스터의 맥주들은 오감을 자극하며 깊은 인상을 준다. 그리고 모든 맥주는 특허를 내어 맛과 품질, 데이터를 체계적으로 관리하고 있다.

다양한 맥주 중에서 잡스JOBS, 알코올 5.0%, IBU 20에 눈길이 간다. 애플 창시자 스티브 잡스에서 따 온 이 맥주는 쾰쉬 스타일에 커피 향을 더했다. 커피 향이 나는 맥주라 하면 흔히 흑맥주를 떠올리는데 이 맥주는 여기에 더해 어떤 지성미가 느껴진다. 명쾌한 천재 스티브 잡스가 떠오르기 때문이다. 한글을 창시했던 세종대왕The Saisondaewang, 알코올 5.3% ABV, IBU 22도 추천한다. 알싸한 향과 새콜달콤한 향이 더해진 세종 스타일의 맥주로 탄산을 가미해 가볍고 청량하게 마시기 좋다.

아트몬스터 브루어리는 경기도 군포시와 현대백화점 가든파이브점, 익선동 펍을 운영하고 있다. 이중에서 익선동 펍은 한옥이라 더 눈길이 간다. 무쇠가마솥 치킨과 수제화덕피자의 맛이 일품이다. 뿐만 아니라 현대백화점 가든파이브점에서는 2018년 말에 독자적으로 양조하여 사워 에일 맥주를 선보일 계획이다. 곧 성수동에도 펍을 오픈한다.

### 지은이의 두 줄 코멘트

**오윤희** 품격 있는 맥주를 원한다면 청담동 며느리를 마셔 보자. 비엔나 라거 스타일로 맛이 부드럽고 균형이 잘 잡혀 있다. 심플하지만 단아한 맛으로 오래도록 마시기 좋다.

**원관연** 잡스. 전통적인 맛도 좋아하지만, 색다른 시도를 한 맥주도 좋아한다. 라거처럼 마실 수 있는 쾰쉬에 커피 향이 더해지고, 심지어 밸런스까지 잡혀 있다면 안 먹어볼 이유가 없다.

### 아트몬스터 직영 펍 안내
현대백화점 가든파이브점 **주소** 서울시 송파구 충민로 66 현대가든파이브 라이프테크노관 지하 1층 **전화** 02-2673-2013 **영업시간** 매일 11:30~20:30
아트몬스터 익선동점 **주소** 서울시 종로구 돈화문로11다길 30 **전화** 02-745-0721
**영업시간** 매일 12:00~23:00

# 크래머리
## KRAEMERLEE

---

### 목 마른 자를 위한 복 비어 브루어리

크래머리에서는 일반 수제 맥주 양조장에서 맛볼 수 없는 다양한 복 비어를 만들고 있다. 주한 독일 대사관의 공식 만찬주로 사용될 만큼 맛을 인정 받고 있다. 앰버 복, 바이젠 복, 프리미엄 복, 헬러 복. 합정동 펍에 가면 다양한 복 비어를 즐길 수 있다.

📍 경기도 안산시 상록구 원당골5길 17(수암동)

📞 031-481-8879

🕐 월~금 9:00~18:00

≡ http://kraemerlee.com

[f] [◉] kraemerlee

브루어리 투어 ☐  펍·탭룸 ☑

## 마틴 루터의 복 비어를 마시다

복 비어Bock Bier는 독일에서 유래한 라거의 일종으로 알콜 도수가 높고 맥아가 많이 함유된 진한 맥주이다. 바디감이 풍부하며, 오랜 숙성 기간을 거친 것이 특징이다. 독일어로 'Bock'은 '숫염소'라는 의미이다. 복 비어를 마시면 숫염소처럼 힘이 불끈불끈 솟아난다는 독특한 이야기가 전해지는데, 복 비어 광고에는 염소의 뿔이나 숫염소 그림이 곧잘 등장하기도 한다.

복 비어는 마틴 루터와 깊은 인연이 있다. 신학자 마틴 루터1483-1546는 맥덕(?)이었을 가능성이 농후하다. 맥주에 얽힌 그의 에피소드 하나가 전해진다. 종교 개혁의 중심에 섰던 그는 1521년 4월 17일, 보름스 제국회의에서 심문을 당하게 된다. 면죄부의 판매를 논리적으로 반박하는 95개조의 반박문Martin Luther's Ninety-five Theses 때문이었다. 그는 1리터짜리 도기 잔에 든 맥주를 단숨에 비운 뒤 비장하게 회의장으로 걸어 갔다. 당시의 분위기를 영국의 작가 마이클 잭슨 1942~2007은 〈The New World Guide to Beer〉에서 이렇게 묘사하고 있다. "루터는 아인베크 맥주에 힘을 얻어 보름스 제국 회의장으로 나아갔다."

독일의 아인베크는 맥주로 유명한 지역이다. 아인베크 맥주가 뮌헨으로 전해져 새로이 완성된 것이 복 비어이다. 아인베크의 'Beck'이 'bock'으로 변형되어 복 비어라 불리게 되었다는 설도 있다. 복 비어의 로고에 마틴 루터가 등장하기도 한다. (출처 <맥주, 문화를 품다>)

## 주한 독일 대사관의 공식 만찬주

안산의 크래머리는 복 비어를 맛볼 수 있는 브루어리이다. 주한 독일 대사관에서 그 맛을 인정 받아 행사 때마다 공식 만찬주로 사용되고 있다. 2018 평창 동계 올림픽 때 내한한 대통령 부부와 함께 했던 행사 'Let's The Games Begin'에서도 유일하게 만찬주로 선택되었다. 대단한 맥주를 만들지만 브루어리가 동네 주택가 골목길에 있어 친근하다. 앞집에 사는 강아지가 구경을 오고, 동네 주민도 맥주를 사러 온다.

크래머리에서는 다양한 복 비어, 예를 들면 앰버 복Amber Bock Bier, 바이젠 복Weizen Bock Bier, 프리미엄 복 등을 즐길 수 있다. 바이젠 복알코 7.0%은 2018 대한민국 주류 대상을 수상한 크래머리의 자랑거리다. 폴라리스 싱글 아이피에이는 맥아 하나, 홉 하나만 넣어 양조한 맥주로, 맥아와 홉 본연의 맛을 느낄 수 있다. 특히 국내에서 처음으로 독일산 홉 폴라리스Polaris, 민트·파인애플·박하 향이 나는 홉를 사용하여 맥주 애호가들의 사랑을 받고 있다. 칼리스타Calistar, 다양한 열대 과일 향과 파인애플 향이 나는 홉로 만든 싱글 아이피에이알코올 6.5%도 판매 중이다.

## 맥주를 마시는 자, 천국에 들어간다!

최근 출시된 맥주로는 다윗과 미카엘이 있다. 다윗알코 5.8%은 이탈리아의 현존하는 최고 브루마스터 다리오Dario와 콜라보한 윗비어밀맥주로, 다윗의 '다'와 윗비어의 '윗'을 합쳐 이름 지었다. 살짝 홉피한 맛에 트렌디한 스타일이다.

크래머리에서는 병입 맥주를 판매한다. 투어는 따로 진행되지 않지만, 전화 문의 후 방문하면 언제든지 환영한다. 합정동에 직영 펍이 있다.

### 🗨 지은이의 두 줄 코멘트

**오윤희** 다윗은 새로운 스타일의 홉피한 윗비어로 보수적인 독일 맥주에 새로움을 더했다. 기존 윗비어보다 바디감이 가볍고 청량하다. 독일 밀 맥주에 반전을 더하고 있어 매력적이다.

**원관연** 바이젠 복을 추천한다. 바이젠에서 조금 더 강한 맛을 원한다면 바이젠 복을 마시자. 알코올 도수가 더 높고 바닐라 향이 진하다. 바디감이 묵직하면서도 깨끗하다.

**크래머리 합정 펍**
주소 서울시 마포구 토정로 31(합정동) 전화 070-4227-7979 영업시간 17:00~12:00(연중무휴)

# 까마귀 브루잉
## KKAMAGUI BREWING

**전통시장에 들어선 브루어리**

**오산의 오색시장 골목이 끝나갈 즈음 맥주 향기가 솔솔 새어 나오는 자그마한 공방이 나오는데, 이곳이 까마귀 브루잉이다. 오산시의 상징 새 까마귀에서 브루어리 이름을 따왔다. 다섯 가지 홉이 들어간 오로라와 아홉 종 몰트로 만든 까마귀의 인기가 제일 좋다.**

**까마귀 브루잉 직영 탭룸 크로디 CROW:D**

- 경기도 오산시 오산로 252, 1층(오산동 오색시장)
- 010-9046-0469
- 매일 17:00~23:00(월요일 휴무)
- crowsbrewing pub_crowd

브루어리 투어 ☐ 펍·탭룸 ☑

## 장보기 전에 맥주 한잔?

어린 시절, 군인인 아버지를 따라 자주 이사를 하였다. 도심보다는 시골에서 보낸 시간이 많다. 장날 풍경이 가장 기억에 남는다. 부모님 손을 잡고 장터를 구경하던 모습은 무척 행복한 기억으로 남아 있다. 군것질을 할 수 있고, 거창하지는 않지만 외식도 할 수 있는 날이었다. 이제는 대형 마트, 편의점, 온라인 쇼핑몰에 밀려 아쉽게도 빛을 잃어가고 있다. 소시민의 삶이 녹아 있는 터전이었기에, 나는 아직 옛 시장 풍경을 잊어버리고 싶지 않다.

내가 오산 오색시장에 있는 까마귀 브루잉을 좋아하는 이유는 전통시장에 관한 아름다운 추억이 있기 때문이다. 오색시장은 5색 5길을 조성하여 소비자의 오감을 겨냥하고, 문화관광형 육성 사업을 지원하여 '수제 맥주'라는 컨텐츠를 끌어 들였다. 덕분에 청년층이 유입되어 새로운 바람이 불고 있다. 까마귀 브루잉에서 맥주를 배우기도 하고, 함께 마시기도 하며, '맥주 한잔하고 장보기' 문화를 만들어가고 있다.

오색시장 골목이 끝나갈 즈음 맥주 향기가 솔솔 새어 나오는 자그마한 맥주 공방이나오는데, 이곳이 까마귀 브루잉이다. 오산시의 시주市鳥이자, 지혜와 용맹의 상징인 까마귀를 붙여 이름 지었다. 까마귀 브루잉은 오색시장의 상인과 고객 사이에 사랑방으로 소문이 자자하다.

## 오로라, 시장 상인들과 함께 만든 맥주

까마귀 브루잉의 맥주는 모두 네 가지이다. 그 중 오로라American Pale Ale, 알코올 4.6%, IBU 32는 까마귀 브루잉의 판매 1위 맥주로, 오색시장과 인연이 깊다. 상인들을 대상으로 20주간 교육을 하여 함께 만든 레시피로 양조한 맥주이기 때문이다. 다섯 가지 홉이 들어가며, 시트러스한 향과 열대 과일의 풍미가 입 안에 자연스럽게 퍼진다. 마치 입 안에서 맥주의 오로라가 펼쳐지는 듯하다.

까마귀American Stout, 알코올 5.3%, IBU 20는 까마귀 털처럼 까만 흑색 맥주이다. 아홉 종류의 몰트맥아를 사용해 양조했다. 다양한 몰트에서 배어 나온 맛이 비교적 부드러워 흑맥주지만 가볍게 마실 수 있다.

까마귀 브루잉에서는 시즌 별로 특별한 맥주를 양조하기도 한다. 가을엔 코브라American Brown Ale, 알코올 5.3%, IBU 16를 양조한다. 코브라는 보일링 과정증자 과정. 맥즙을 끓이면서 홉을 넣어주는 과정에 코코넛을 넣는다. 코코넛 향과 견과류의 고소함, 캐러멜 향의 달콤함이 어우러진 맥주이다. 이 맥주는 데킬라에 소금을 넣어 먹는 것처럼, 맥주에 코코넛 파우더를 넣어 먹는다. 새해복Weisenbock, 알코올 6.0%, IBU 23은 바나나와 바닐라 풍미를 지닌 노블 홉에 허브 향을 조화시켰다. 2018년을 앞둔 겨울 무술년을 기원하는 의미에서 만들었다.

까마귀 브루잉은 직영 펍 '크로디'를 시장 안에 운영하고 있다. 주말에는 야시장을 열어 맥주 시음 행사를 진행하기도 한다. 또 매년 5월과 10월에는 야맥축제를 기획하여 전국 수제맥주를 한곳에서 맛볼 수 있는 행사도 연다. 맥주 마니아라면 이 또한 노려볼 만하다. 까마귀 브루잉의 '공방 290'에서는 맥주 교육도 국비 지원으로 진행 중이다. 무료 교육을 원한다면 까마귀 브루잉을 검색해 보자.

💬 지은이의 두 줄 코멘트

**오윤희** 까마귀 브루잉의 오로라는 나의 '인생 맥주 베스트 3'로 꼽힌다. 다섯 가지 홉의 향연을 가득 느낄 수 있는 맥주로, 어떤 홉으로 블렌딩했는지 알아 맞추는 재미도 쏠쏠하다.

**원관연** 코브라 맥주. 마치 코젤 맥주의 시나몬 가루처럼 잔 주위에 뿌려진 코코넛 가루가 향을 돋구어 준다. 메이플 시럽에 적신 치즈, 견과류와 함께 먹으면 맛이 배가 된다.

# 강원도
## GANGWONDO

버드나무 브루어리_강릉
크래프트 루트_속초
세븐 브로이_횡성
브로이하우스_원주

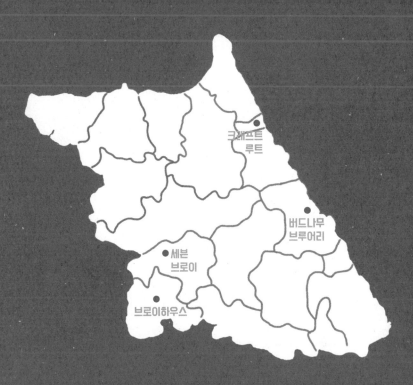

크래프트
루트

버드나무
브루어리

세븐
브로이

브로이하우스

# 버드나무 브루어리
## BUDNAMU BREWERY

### 바다, 소나무, 백일홍 그리고 맥주

버드나무 브루어리는 맥주에 강릉과 한국을 담아낸다. 맥주의 재료와 상품 이름까지
한국 시각으로 풀어낸 점이 큰 매력이다. 브루어리가 들어선 곳엔 예전에 강릉합동양
조장이 있었는데, 막걸리 발효조를 그대로 두었다. 전통과 현대의 조화가 멋스럽다.

📍 강원도 강릉시 경강로 1961(홍제동)
📞 033-920-9380
🕒 매일 12:00~23:00
f Budnamu 📷 budnamu_brewery
브루어리 투어 ☑ 펍·탭룸 ☑

## 막걸리 발효조와 현대식 설비의 만남

맥주 여행은 언제나 즐겁다. 출근 전쟁을 하지 않아도 되는 주말, 아무 것도 안 하며 온전히 쉬고 싶을 때가 많았지만, 막상 길을 떠나면 기분이 좋았다. 이야기 가 살아 숨쉬는 맥주를 마실 수 있다는 사실이 즐거웠다. 맥주를 만드는 사람들 과 이야기를 나누고, 지역의 역사와 문화를 담아낸 맥주를 마시다 보면, 쉬고 싶 던 마음이 한순간에 사라졌다. 특히 우리말 이름의 맥주를 맛보거나, 동네 주민 들에게 사랑 받는 브루어리를 만나면 집으로 돌아가는 발길이 내내 아쉬웠다. 강릉시 홍제동에 있는 버드나무 브루어리도 그런 곳이다. 강릉과 한국을 맥주에 담아놓은 독특한 곳으로, 맥주를 한국적 시각으로 풀어냈다. 이런 이유 때문일 까? 버드나무 브루어리는 강릉뿐만 아니라 전국에서 찾아오는 이들에게 많은 사 랑을 받고 있다. 이곳은 브루어리가 들어선 장소부터 특별하다. 독특하게도 브루 어리는 1926년부터 막걸리를 만들던 강릉합동양조장에 2015년 자리를 틀었다. 현대식의 맥주 설비를 갖추면서 막걸리 발효조를 그대로 두어, 전통과 현대의 조 화가 멋스럽기 그지없다. 곡물을 저장해 둔 창고나 담과 벽 등도 살려 놓았다. 자 칫 허름해 보일 법도 하지만, 빈티지하면서 세련된 멋이 그만이다.

> 오후 반차를 내고 강릉으로 향했다 / 고향인 평창 대관령을 지나는데 비바 람이 거세진다 / 그 바람을 타고 와 마시는 맥주 / 홀로 만끽하는 여유가 감 사한 시간 / 감성적인 공간에서 맥주 마시며 글을 쓰는 행복 / 여행의 기술 이란 이런 것이리라.
> -오윤희, 2017년 10월 강릉 버드나무 브루어리에서

## 이야기를 담은 우리말 맥주

버드나무 브루어리는 맥주마다 우리말로 이름을 짓고, 여기에 한국적 이야기도

담았다. 종류는 모두 여섯 가지인데, 미노리 세션Minori Session, 알코올 4.5%, IBU 28이 가장 사랑 받는 맥주이다. 강릉시 사천면 미노리에서 수확한 쌀이 40% 이상이 들어간 맥주로 기존 맥주보다 쌉쌀한 맛이 가미되어 있다. 조금 특별한 밀 맥주를 마시고 싶다면, 즈므 블랑Zeumey Blanc, 알코올 5.4%, IBU 9을 추천한다. '저무는 마을'이란 뜻을 가진 강릉의 '즈므 마을'에서 이름을 따 온 밀 맥주로 국화와 산초가 가미되어 있다. 백일홍 맥주도 있다. 백일홍은 강릉시의 꽃으로, 버드나무 브루어리의 뜰에도 심어져 있다. 백일홍 레드 에일알코올 6%, IBU 32은 볶은 맥아가 붉은 빛을 띄고 있어, 백일 동안 붉은 꽃을 피우는 백일홍이 연상된다. 강릉을 담고 있는 이 맥주는 가볍고 산뜻하여 여성들에게 인기가 많다.

강릉은 굴곡진 모습이 멋스러운 소나무가 많은 도시이다. 파인 시티 페일 에일 알코올 6%, IBU 34은 솔잎 발효액이 첨가된 맥주로, 청량함과 싱그러운 맛을 자아낸다. 강릉의 옛 이름 하슬라는 큰 바다라는 뜻인데, 여기서 따다 이름 지은 맥주 하슬라 IPAHasla India Pale Ale, 알코올 6.1%, IBU 41도 있다. 오죽헌의 대나무에서 영감을 얻어 이름 지은 오죽 스타우트Ojuck Stout, 알코올 6.8%, IBU 37도 이색적인 맥주로 꼽힌다.

다양한 맥주를 맛보길 원한다면 버드나무 샘플러를 추천한다. 다섯 가지 맥주를 맛볼 수 있다. 강릉의 제철 해산물로 만든 신선한 요리와 함께 마실 수 있어 더욱 좋다. 신선한 맥주에 강릉의 풍미가 더해져 즐거움도 두 배가 된다.

### 🗨 지은이의 두 줄 코멘트

**오윤희** 미노리 세션은 맥주를 한국적으로 풀어내 깊은 인상을 준다. 쌀의 함량이 높아 자칫 맥주의 본연의 맛과 멀다고 생각할 수 있지만, 쌉쌀함을 가미해 어떤 안주와도 잘 어울린다.

**원관연** 빈티지와 모더니즘 분위기에 무심한 듯 매력적인 한국의 미가 더해졌다. 버드나무의 맥주 또한 그러했다.

# 크래프트 루트
## CRAFT ROOT

---

### 설악산 자락의 수제 맥주 브루어리

크래프트 루트는 설악산 자락을 바라보며 신선놀음 하기 딱 좋은 곳이다. 척산온천 근처에 있어 속초나 설악산에 갔다가 들르기 좋다. 창문으로 햇빛이 쏟아져 들어오고, 거기에 설악산 풍경이 더해지면 어느새 당신은 두 번째 잔을 비우고 있을 것이다.

📍 강원도 속초시 관광로408번길 1(노학동)
📞 070-8872-1001
🕒 매일 11:30~24:00
📘📷 craftroot
브루어리 투어 ☐ 펍·탭룸 ☑

## 설악산 풍경을 감상하며 맥주 한잔

답답한 사무실에서 벗어나 시원한 맥주 한잔 마시고 싶을 때가 있다. 스트레스가 격하게 쌓인 날 혹은 상사와 트러블이 있는 날, 그게 아니면 업무가 내 업보만큼 쌓인 날, 맥주 한잔이 더욱 간절해진다.

크래프트 루트는 맥주 한잔 앞에 놓고 산자락 바라보며 신선놀음을 하기 딱 좋은 곳이다. 속초에서 설악산 가는 길목, 척산온천 근처에 있어 속초나 설악산에 갔다가 들르기 좋다. 크래프트 루트는 종로 익선동의 수제 맥주로 소문난 한옥 펍 크래프트 루CRAFT ROO의 양조장으로, 2017년 7월 오픈했다. 펍과 브루어리를 함께 갖추고 있다. 펍에 앉으면 통유리 너머로 양조 시설과 양조 과정을 한눈에 볼 수 있다. 크래프트 루트는 대표인 김정현 씨가 건축가여서 인테리어 감각이 돋보인다. 실내는 투명한 유리창이 전면을 둘러싸고 있다. 창문으로 햇빛이 쏟아져 들어와 그림자가 생기고 거기에 설악산 풍경이 더해져, 자연이 그대로 인테리어이다. 인테리어 소재로 돌을 많이 사용하여 중세시대 맥주를 빚던 수도원 양조장이 연상되기도 한다. 브루어리 이름은 익선동 펍 이름 크래프트 루에 'T'를 더해 지은 것이다. 'T'는 Try, Technology, Tasty을 의미한다.

익선동 펍은 김 대표가 서울 구석구석을 다니다 발견한 곳이다. 익선동이 뜨기 전, 건축가답게 그는 누구보다 특별한 펍이자 이야기가 숨쉬는 공간이면 좋겠다는 생각으로 한옥을 매입하여 자신만의 공간으로 재탄생시켰다. 2018년 봄, 신사동에도 새 펍을 오픈했다.

## 노력과 기술력으로 만드는 최상의 맥주

이곳의 맥주는 설雪IPA, 동명항 페일에일, 속초 아이피에이, 대포항 스타우트, 아바이 윗비어 등 다섯 가지이다. 속초와 관련 있는 지명과 단어가 친근함을 준다. 설雪IPASnow IPA, 알코올 4.6%, IBU 40는 상큼한 파인애플과 메론 향을 지닌 세션

IPA이다. 2018 대한민국주류대상 크래프트 하이브리드 부문 대상을 받았다. 동명항 페일에일알코올 5.0%, IBU 30은 구스베리 향과 라임, 오렌지와 허브 향이 어우러진 맥주다. 속초 IPA알코올 6.7%, IBU 40는 트로피컬한 프루츠와 아로마의 부드러운 바디감이 좋다. 대포항 스타우트알코올 5.1%, IBU 24는 시나몬 향과 다크 초콜릿 향을 로스팅하여 부담 없이 즐길 수 있는 대중적인 스타우트이다. 아바이 윗비어알코올 4.6%, IBU 15는 아메리칸 스타일의 밀 맥주로 갓구운 밀 빵 향, 과일과 옅은 꽃 향이 인상적인 맥주다. 모든 맥주는 캔맥주로 출시되어 포장 판매중이다. 안주 메뉴도 좋다. 피자와 파스타부터 샐러드까지 음식도 다양하여 맥주와 함께 즐기기 좋다. 속초산 해산물 뚝배기 스튜와 속초산 문어 숙회 샐러드를 추천한다. 하늘과 산과 바람이 있는 브루펍에서 동해에서 건져 올린 해산물 안주를 앞에 놓고 맥주 한잔 기울이면, 설악산도 맥후경이 따로 없다.

삶이 자신의 권리를 되찾으니, 이제 우리는 시원한 맥주를 마시러 가야겠다.

하늘 한 조각 부여잡고서.

- 쟝 루이 시아니의 <휴가지에서 읽는 철학 책> 중에서

### 💬 지은이의 두 줄 코멘트

**오윤희** 속초 IPA를 추천한다. 지역명이 들어간 이 맥주는 마치 내가 대표주자야, 라고 말하는 것 같다. 아로마 향이 부드러워 피니시가 좋고, 홉 향 또한 놓칠 수 없을 만큼 IPA의 정석을 담아 놓았다.

**원관연** 익선동 한옥 골목이나 설악산을 구경하면서 크래프트 루트의 맥주를 마신다면, 이만한 낭만은 없을 것이다. 어느 맥주를 마셔도 당신은 이미 로맨티스트다.

**익선동 펍 크래프트 루**

**주소** 서울시 종로구 수표로28길 17-7 **전화** 070-7808-0001

**영업시간** 주중 17:00~24:00 주말 15:00~24:00 **SNS** craftroo(인스타그램, 페이스북)

# 세븐 브로이

## SEVEN BRAU

---

**외국에 수출하는 한국 수제 맥주의 자존심**

2017년 7월, 문재인 대통령과 기업인들이 정식 모임에 앞서 청와대 잔디밭에서 '호프 미팅'을 가졌다. 이때 테이블에 올라온 맥주가 세븐 브로이였다. 중소기업과 대기업의 상생을 모색하는 모임 취지에 세븐 브로이가 잘 어울린다고 여겼기 때문이다.

📍 강원도 횡성군 공근면 경강로초원6길 60
📞 02-2659-1950
☰ http://www.sevenbrau.com/
🅕 강서-달서맥주  🅞 gangseo_dalseo_beer
브루어리 투어 ☐  펍·탭룸 ☑

## 청와대 '호프 미팅' 때 마신 바로 그 맥주

2017년 7월, 문재인 대통령이 기업인들을 청와대로 초청했다. 정식 모임에 앞서 잔디밭에서 '호프 미팅'을 했는데 잘 알려지지 않은 맥주가 테이블에 올랐다. 수제 맥주 세븐 브로이였다. 청와대가 이 맥주를 선택한 이유는, 그 자리가 중소기업과 대기업의 상생 방안을 모색하는 첫 회동이었고, 세븐 브로이가 그 취지를 살릴 수 있는 맥주라고 여겼기 때문이다.

2011년 주세법이 개정되자 지역별 특색과 문화를 담은 소규모 양조장이 속속 등장했다. 세븐 브로이도 그 중 하나이다. 세븐 브로이는 2011년 국내 최초로 수제 맥주 제조 면허를 취득하고, 국내 최초로 수제 에일 맥주를 선보였다. 세븐 브로이라는 이름은 대한민국 맥주 역사와 깊은 연관이 있다. 1933년 최초 맥주회사 아사히와 삿포로 맥주의 전신인 대일본맥주가 탄생한 뒤 77년이 흐른 2011년 설립되었고, 품질 좋은 7성급 맥주를 만들겠다는 의미도 이름에 담았기 때문이다.

## 맥주 이름이 강서, 달서, 전라, 서초

세븐 브로이는 우리나라 지명을 따다 이름을 지어, 맥주에 그 지역의 문화와 감성을 담고 있다. 강서 마일드 에일알코올 4.6%, IBU 25은 본사가 있는 서울 강서구에서 이름을 따온 맥주이다. 라벨에 서울의 달밤을 그려 넣었다. 고소한 몰트에 오렌지와 망고에서 퍼져 나오는 시트러스 향이 더해졌다. 달서 오렌지 에일알코올 4.2%, IBU 20은 해질녘 대구 달서구의 하늘 풍경이 떠오르는 라벨이 인상적이다. 부드러운 밀 향에 오렌지 향이 가미된 밀 맥주로, 상큼한 향이 과하지 않게 배어 있다. 전라 에일Jeolla Ale, 알코올 4.5%, IBU 15은 '가슴이 뛰어분디 어째쓰까잉'이라는 귀여운 전라도 사투리 카피가 라벨을 장식하고 있어, 마시기도 전에 가슴 뛰게 만드는 맥주이다. 전통 방식으로 양조한 에일 맥주로, 자몽·라임 등 시트러스 향이 첨가되어 상쾌하면서도 진하고 향이 깊다. 서초 위트알코올 4.2%는 바나나 향이 나는 밀 맥주로 편하게 마시기 좋다.

이들 맥주는 세븐 브로이에서 운영하는 펍에서 마음껏 즐길 수 있으며, 홈플러스와 편의점 CU에서도 구입이 가능하다. 세븐 브로이 라쿤Racoon 시리즈 6종필스너, IPA, 바이젠, KPA, 스타우트, 임페리얼 IPA도 병 맥주로 판매 중이다. IPA, 필스너, 바이젠, 스타우트, 마일드 에일, 페이크 라거, 임페리얼 아이피에이알코올 7.0%는 세븐 브로이의 펍에서 생맥주로 즐길 수 있다. 세븐 브로이 맥주는 2015년 12월부터 중국, 대만, 사이판 등으로 수출을 시작했다. 2018년부터는 미국 LA 및 라스베이거스 전역에서도 맛볼 수 있다. 아쉽게도 강원도 횡성에 있는 브루어리는 증설 관계로 투어를 진행하지 않지만, 곧 다시 시작할 계획이다.

### 지은이의 두 줄 코멘트

**오윤희** 강서 마일드 에일은 편의점에서 구입하여 가성비 대비 가장 맛있게 마실 수 있는 수제 맥주이다. 과일 향이 풍부하고, 병에 서울 달밤이 디자인되어 있어 기분 전환에 딱이다.

**원관연** 강서 마일드 에일은 카스로 익숙해진 아버지의 입맛에 변화를 주었다. 강서 마일드 에일을 마신 뒤 수제 맥주에 관심을 보이기 시작하셨다. 청량한 풀 향기가 나면서 적당하게 쌉싸름하다.

세븐 브로이 펍 안내 sevenbraupub.com
마포점 **주소** 서울시 마포구 새창로 11 **전화** 02-702-7777
여의도점 **주소** 서울시 영등포구 국회대로74길 9 **전화** 070-4117-0770
사당점 **주소** 서울시 관악구 승방2길 39 2층 **전화** 02-585-9289
발산점 **주소** 서울시 강서구 공항대로 271, 7층 **전화** 0507-1413-5677
롯데월드몰점 **주소** 서울시 송파구 올림픽로 300, 롯데월드몰 5층 **전화** 02 3213 4540
문정점 **주소** 서울시 송파구 문정동 618 **전화** 02-400-0472
동탄점 **주소** 경기도 화성시 동탄반송1길 37-1 **전화** 070-7561-6765
경기도 향남점 **주소** 경기도 화성시 향남읍 발안로 64 **전화** 031-8059-3030
부천점 **주소** 경기도 부천시 조마루로291번길 56 **전화** 032-322-7724
평택 소사벌점 **주소** 경기도 평택시 비전5로 20-46 1층 **전화** 031-651-0993
광주 상무점 **주소** 광주광역시 서구 상무번영로 14 **전화** 062-373-3385

# 브로이하우스
## BRAUHAUS

### 독일인 듯 독일 아닌 강원도 원조 브루어리

브로이하우스에는 아주 특별한 맥주가 있다. '바이스타 비어'라고, 단골들이 필스너와
둔켈을 7:3으로 섞어 마시다 정식 메뉴가 되었다. 이른바 '소맥'이 아니라 '맥맥'인 셈이
다. 두 맥주를 섞어 한번에 들이키면 맛도 재미도 두 배가 된다.

📍 강원도 원주시 남원로 642, B1(개운동)
📞 033-764-2589
🕐 매일 17:00~02:00(설날, 추석 당일 휴무)
🅵🅾 brauhaus0327
브루어리 투어 ☐ 펍·탭룸 ☑

## 뮌헨의 호프브로이하우스 부럽지 않아

나의 맥주 사랑은 뮌헨의 펍에서 만난 맥주 한 잔에서 시작되었다. 맥주를 즐기지 않고 어찌 독일 여행을 제대로 했다고 말할 수 있겠는가? 나는 물보다 더 많이 마셨다고 말할 만큼 맥주를 즐겼다.

뮌헨엔 호프브로이하우스Hofbräuhaus München라는 세계적으로 유명한 브루펍이 있다. 1589년 빌헬름 5세가 설립한 이 양조장은 세계에서 가장 큰 펍으로, 하루에 1만 리터의 맥주가 팔리는 곳이다. 나 또한 이곳 맥주에 반해 얼큰하게 취한 기억이 있다. 그곳은 세계의 여행자들이 맥주로 하나되는 특별한 공간이다.

2000년대 초 우리나라에서 한동안 하우스 맥주가 인기를 끌었다. 한창 독일 생맥주가 인기 있던 시절이어서, 생맥주를 직접 양조하여 파는 브루펍이 꽤 생겨났다. 아쉽게도 그 인기는 금세 시들고 말았다. 하지만 그때부터 지금까지 꿋꿋하게 자리를 지키고 있는 브루펍이 있는데, 원주시 개운동에 있는 브로이하우스이다. 2004년 원주의 한 골목에 오픈한 이래 동네 주민들의 단골집으로 자리를 잡은 지 오래다. 강원도 최초의 브루펍으로 말 그대로 강원도 원조 브루어리로 꼽힌다. 창업자 김수광 씨에 이어 아들 김명식 브루어가 가업을 이어 받아 운영하는 명품 브루펍이다.

브로이하우스에 가면 뮌헨의 호프브로이하우스에 온 것 같은 느낌이 든다. 아직도 독일 양조장 분위기를 그대로 유지해오고 있기 때문이다. 특히 호프브로이하우스처럼 아날로그 감성이 살아 있어 정감이 간다.

## 들어보셨나요? 소맥 말고 맥맥!

펍 이름에서 알 수 있듯이 브로이하우스는 독일 정통 스타일 맥주를 양조하고 있다. 모든 맥주에 첨가제를 넣지 않아 맥주 본연의 깔끔한 맛을 느낄 수 있다. 이곳에서 마실 수 있는 맥주는 두 가지로, 황맥주인 필스너Pilsner, 알코올 5.5%, IBU 20

와 흑맥주인 둔켈Dunkel, 알코올 5.5%, IBU 35 이다. 필스너는 헤드의 거품이 오래 지속되는 맥주로, 중간 정도의 바디감에 꿀 냄새 같은 아로마 향이 배어 있다. 이에 비해 둔켈은 풍미가 고소한 맥주로 마시고 나면 시큼한 향이 감돌아 가볍게 한잔 하기 좋다.

사실은 브로이하우스에는 이 두 가지 맥주 말고 특별한 맥주가 하나 더 있다. 바이스타 비어Weista Beer라고, 단골들이 필스너와 둔켈을 7:3으로 섞어 마시다 정식 메뉴가 된 맥주이다. 이른바 '소맥'이 아닌 '맥맥'인 셈이다. 두 맥주를 섞어 한번에 들이키면 맛도 재미도 두 배가 된다.

브로이하우스의 또 다른 이색 포인트는 단골의 경우 주석잔에 이름을 새겨 보관해 두고 맥주를 마실 수 있다는 것이다. 브로이하우스가 처음 오픈했을 때 한 부부가 주석잔에 초등학생 아들 이름을 새겨 사용해오다가, 아들이 성인이 되는 날 기념으로 그 맥주잔을 선물했다는 에피소드도 전해진다. 브로이하우스는 이렇듯, 원주 시민의 사랑을 받으며 오랜 시간 함께 해온 정감이 넘치는 브루어리이다. 따뜻함이 그리운 날엔 망설이지 말고 브로이하우스로 가자.

"맥주를 만드는 이유는 마시지 않으면 안되기 때문이다."
-독일 격언

### 🗨 지은이의 두 줄 코멘트

**오윤희** 바이스타 비어는 국내에서 유일하게 정식 메뉴에 들어있는 '맥맥'이다. 필스너일까? 둔켈일까? 오묘한 맛과 맛 사이에서 당신의 취향을 맞춰 보시길. 참고로 나는 필스너에 한 표!

**원관연** 필스너로 청량하게 첫 잔을 시작한 뒤, 바닐라 향으로 입맛을 돋우자. 그 다음엔 둔켈로 진득한 캐러멜 향을 느껴보자. 원주에서 뮌헨의 향기를 느낄 수 있을 것이다.

# 대전·충청도
## DAEJEON·CHUNGCHEONGDO

더 랜치 브루잉 컴퍼니_대전
바이젠하우스_공주
브루어리 304_아산
칠홉스 브루잉_서산
코리아 크래프트 브류어리_음성
플래티넘 크래프트 맥주_증평
뱅크 크릭 브루잉_제천

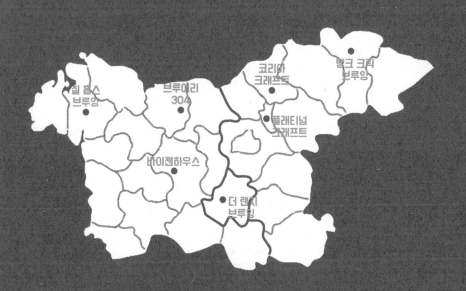

칠 홉스
브루잉

브루어리
304

코리아
크래프트ㅇ

뱅크 크릭
브루잉

바이젠하우스

플래티넘
크래프트

더 랜치
브루잉

# 더 랜치 브루잉 컴퍼니
## THE RANCH BREWING COMPANY

### 프랑스 '뇌섹남'이 만드는 맥주는 어떤 맛일까?

대전에는 과학자가 운영하는 브루어리가 있다. 프랑스 출신 프레데릭 휘센은 카이스트에서 물리학 석사를 받은 뇌섹남이다. 그는 항공 우주 엔지니어와 화학자 등 '글로벌한' 멤버들과 더불어 더 랜치 브루잉 컴퍼니를 운영하고 있다.

📍 대전광역시 서구 계백로1249번 안길 62(정림동)
📞 042-581-2060
🕐 토~일 14:00~20:00
📘📷 theranchbrewing
브루어리 투어 ☐  펍·탭룸 ☑

## 프랑스 과학자, 대전에 빠지다

요즘은 '뇌섹남'이 대세이다. 이 단어는 2014년 국립국어원에서 '신어'로 선정되었다. 뇌섹남을 만나면 대화가 즐겁다. 브루어리를 취재하다 보니 맥주에 빠진 뇌섹남을 만나는 재미가 쏠쏠하다. 맥주는 '과학적'인 술이다. 물·보리·홉·효모가 균형이 잡히지 않으면 맛이 나지 않는다. 미국 물리학자 도널드 글레이저는Donald Glaser, 1926~2013는 펍에서 맥주를 마시다 거품이 생기는 모습에서 영감을 받아 거품상자라 불리는 Bubble Chamber를 발명했다. 그는 이 거품 상자로 수많은 입자를 발견해 내어 1960년 노벨물리학상을 수상했다. .

대전에는 과학자가 운영하는 브루어리가 있다. 프랑스 출신 프레데릭 휘센은 카이스트에서 물리학 석사를 받은 뇌섹남이다. 그는 학업을 위해 대전에 왔다가 인심 좋은 대전의 매력에 빠져버렸다. 결국 그는 한국인 아내를 만나 대전에 정착하게 되었다. 그리고는 과학적 원리로 만드는 맥주가 좋아 대전 궁동에 더 랜치 펍을 오픈하였다. 2017년 5월에는 대전을 대표하는 맥주를 만들자는 의미에서 '위 비어 대전 Oui Beer Daejeon'을 캐치 프레이즈로 내걸고 아예 서구 중립동에 더 랜치 브루잉 컴퍼니를 설립했다. 'Ranch'는 목장이라는 뜻이다. 그는 공장 설계에도 직접 참여했다. 전문 기술이 필요한 설비 외에는 모두 그가 직접 만든 것이다. 현재는 항공 우주 엔지니어와 화학자 출신의 맥주를 좋아하는 국제적 멤버들이 함께 참여하여 운영하고 있다.

## 대전에서 마시는 프랑스 스타일 맥주

더 랜치 브루잉 컴퍼니에서 맛볼 수 있는 맥주로는 다이잡Dye Job French Blonde Ale, 알코올 4.9%, IBU 29, 샌드 캐슬Sand Castle Hawaiian Golden Ale, 알코올 4.9%, IBU 21, 선 아이리쉬 스타우트Sean's Dry Irish Stout, 알코올 4.4%, IBU 38, 세종 드 세글Sainson De Seigle, 알코올 5.9%, IBU 31, 빅 필드 아이피에이Big Field IPA, 알코올 6.3%, IBU 63, 스노우 필드 아

이피에이Snow Field IPA, 알코올 6.7%, IBU 45, 브루어리가 있는 동네 이름이 들어간 정림 페일 에일Jeongnim Pale Ale, 알코올 5.9%, IBU 42 등이 있다. 정기적으로 생산하는 맥주 외에 서울의 구스 아일랜드와 콜라보로 생산한, 국내산 단감으로 만든 단감 에일도 있다.

빅 필드 아이피에이는 '큰밭'이라는 뜻의 대전大田을 영어 'Big Field'로 풀어 네이밍했다. 네 가지 홉Magnum, Centennial, Chinook, Columbus이 들어간 맥주로 5일간 드라이 홉핑을 거쳐 만든다. 더 랜치 브루잉 컴퍼니의 대표 맥주이다.

세종 드 세글은 프랑스 북부와 벨기에에서 양조가 시작된 맥주 스타일로, 12.5%의 호밀과 프랑스 효모를 사용해 만들었다. 스파이시하고 프루티fruity, 과일 맛 나는하고, 드라이하다. 약간의 산미를 지니고 있어 맛이 독특하고 개성이 강하다. 아주 매력적인 맥주이다.

중림동의 더 랜치 브루잉 컴퍼니는 탭룸을 토요일과 일요일에만 운영한다. 캔맥주로 테이크 아웃도 가능하다. 유성 궁동의 펍에 가면 더 랜치 브루잉 컴퍼니의 맥주를 마음껏 즐길 수 있다. 대전 사랑이 남다른 프랑스 과학자가 만든 맥주를 맛보고 싶다면 대전으로 떠나자.

### 지은이의 두 줄 코멘트

**오윤희** 빅 필드 아이피에이를 추천한다. 홉과 몰트가 풍성하게 들어간 맥주로, IPA 마니아라면 입에 착착 달라 붙을 것이다. 대전을 사랑하는 사람에게도 이 맥주를 추천한다.

**원관연** 세종 드 세글을 추천한다. 과일 맛이 나지만 시큼함과 스파이시한 맛도 함께 난다. 몰트와 홉, 효모의 화학 반응이 인상적인 '이과생' 맥주이다.

### 더 랜치 펍 안내
**주소** 대전광역시 유성구 궁동로 18번길 88 **전화** 042-825-4157
**영업시간** 월~토요일 17:00~02:00(일요일 휴무)
**SNS** ranchpubdaejeon(페이스북)

# 바이젠하우스
## WEIZENHAUS

**독일 부럽지 않은 밀 맥주, 이제 공주에서 즐기자**

바이젠하우스의 임성빈 대표는 2002년 독일 뮌헨으로 출장을 갔다가 바이젠을 처음 만났다. 이후 그는 부드러운 밀 맥주를 만들고 싶다는 꿈을 이루기 위해 양조장을 차렸다. 바이젠하우스 맥주는 독특하게 국내 1호 여성 브루마스터가 양조를 하고 있다.

📍 충남 공주시 우성면 성곡길 125(우성면 방문리)
📞 1661-5869
🕐 월~토 09:30~18:00(세째 주 토요일 휴무)
☰ http://www.weizenhaus.com/
[f] [ig] beerweizenhaus
브루어리 투어 ☑ 펍·탭룸 ☑

## 국내 1호 여성 브루마스터가 만드는 맥주

바이젠하우스금강 브루어리의 임성빈 대표는 2002년 독일 뮌헨으로 출장을 갔다
가 바이젠을 처음 만났다. 이후 그는 부드러운 밀 맥주를 만들고 싶다는 꿈을 이
루기 위해 양조장을 차렸다. 그리고 이제, 바이젠하우스는 공주를 넘어 대전과
충청을 대표하는 브루어리가 되었다.

금강은 물결이 마치 비단결과 같다고 하여 붙은 이름이다. 바이젠하우스는 인조
가 이괄의 난 때 피난을 왔다가 소에게 물을 먹였다는 소우물이 있었던 곳이다.
브루어리의 회색빛 외관은 다소 투박하다. 하지만 양조 설비가 늘어선 모습을
보는 순간 생각이 달라진다. 독일 부럽지 않은 맥주가 이곳에서 탄생된다는 생
각이 들어 절로 믿음이 간다. 바이젠하우스는 국내 1호 여성 브루마스터가 양조
를 하고 있다. 뮌헨에서 양조학을 전공한 권경민 실장이 주인공이다.

## 맥주에 '공주' 이야기를 담다

바이젠하우스의 맥주는 '공주'를 담고 있다. 공주 밀 맥주Princess Weizen, 알코올 5.0%,
IBU 10는 지역 이름을 그대로 가져다 지은 것으로, 바나나와 바닐라, 클로브 향이
섬세하게 어우러진 맥주이다. 맥주 효모를 풍성하게 넣어 만들었다. 맥주 효모
는 두피 건강, 탈모 예방, 노화 방지, 피부에 좋다고 알려져 있다. 고객들이 '공
주'처럼 아름다워지길 바라는 마음을 담았다. 금강錦江, Silk River, 알코올 4.5%, IBU 25과
양조장 번지수로 네이밍한 이이욱 골든 에일알코올 4.5%, IBU 25도 있다.

쾌걸심청Kö Girl Simcheong, 알코올 4.5%, IBU 27, 중얼중얼Blah-Blanc, 알코올 5.2%, IBU 35, 공주
시 방문리에서 따다 이름 지은 방문 아이피에이알코올 6.3%, IBU 49도 놓치기 아쉬운

⊕ TIP

브루어리 투어 안내

**시간** 매월 둘째 주 토요일 13:00~15:00 **비용** 1인 2만원

맥주이다. 공주 특산품인 밤을 넣어 만든 맥주 밤마실Nightwalk, 알코올 5.0%, IBU 38도 추천할 만하다. 쾌걸심청부터 밤마실까지는 바이젠하우스 브루어리에서만 맛볼 수 있다. 바이젠하우스는 투어 진행 시 게스트 펍을 오픈한다. 매월 둘째 주 토요일 오후 1시부터 3시까지 예약자에 한해 양조장 견학 프로그램을 진행한다. 이곳 맥주는 전국의 11개 가맹 펍과 전국 300여 개 취급점에서 마음껏 즐길 수 있다. 바이젠 맥주 유통 펍은 홈페이지에도 확인할 수 있다. 바이젠하우스 브루어리는 매년 '대전 수제맥주 & 뮤직페스티발'의 공동 주최자로 축제에도 참여한다. 바이젠하우스를 만나고 돌아가는 길, 금강 위로 황금빛 노을이 펼쳐져 있었다. 조금 전 잔에 가득한 맥주 빛깔이 저 노을 같았다.

### 🍺 지은이의 두 줄 코멘트

**오윤희** 밤마실을 추천한다. 달빛 그윽한 밤 외로움이 스칠 때 마시기 좋은 맥주이다. 공주 특산물 알밤이 들어간 맥주라 맛이 고소하다.

**원관연** 공주 밀 맥주가 좋다. 지역 양조장마다 특색 있는 막걸리가 있듯이 바이젠하우스에는 공주 밀 맥주가 있다.

**바이젠하우스 전국 가맹점**

서울 방배 1호점 **주소** 서울시 서초구 동작대로 22 **전화** 02-588-7782
서울 방배 2호점 **주소** 서울시 서초구 방배천로2길 15, 2F **전화** 02-582-0314
대전 월평점 **주소** 대전광역시 서구 청사서로 46 **전화** 042-472-8111
대전 관평점 **주소** 대전광역시 유성구 관평2로 7-5, 2F **전화** 042-933-9654
대전 전민점 **주소** 대전광역시 유성구 전민로70번길 37 **전화** 042-867-7977
세종 종촌점 **주소** 세종특별자치시 달빛로 43, 2F **전화** 044-862-6983
조치원점 **주소** 세종특별자치시 조치원읍 행복8길 7, 2F **전화** 044-868-5869
천안 쌍용점 **주소** 충청남도 천안시 서북구 나사렛대길 22-6 **전화** 041-576-7747
청주 용암점 **주소** 충청북도 청주시 상당구 월평로184번길 78 **전화** 043-287-6869
대구 다사점 **주소** 대구광역시 달성군 다사읍 죽곡1길 7-8 **전화** 053-593-8008
구미점 **주소** 경상북도 구미시 안동34길 22 **전화** 054 472 3488

PLUTO
BLONDE ALE
brewery 304
4.7% abv.
vol. 330ml

# 브루어리 304

## BREWERY 304

### 남다른 정수 기술, 완성도 높은 수제 맥주

브루어리 304는 반도체 회사들이 모인 아산시 탕정산업단지 안에 자리하고 있다. 이 곳의 모든 맥주 이름에는 '플루토'가 붙는다. 태양계에서 퇴출된 후 더 관심을 받은 명왕성처럼, 비록 지방에 있지만 많은 이들의 사랑을 받고 싶은 마음을 담은 까닭이다.

📍 충청남도 아산시 음봉면 탕정로 540-26, 범한정수 B1F(탕정산업단지)
📞 010-4759-5494
🕐 토요일 10:00~17:00(방문시 페이스북 메시지 또는 인스타 다이렉트로 문의)
≡ https://brewery304.com/
🅕 🅞 brewery304
브루어리 투어 ☑  펍·탭룸 ☑  .

## 명왕성 맥주로 사랑받다

'수금지화목토천해명~.' 학창 시절 과학 시간에 태양계 행성 이름의 첫 글자를 노랫말처럼 묶어 외우고 다녔던 기억이 새롭다. 9개 행성이 존재한다고 믿고 외웠었는데, 2006년 8월 국제천문연맹이 명왕성Pluto은 이제 행성이 아니라고 발표해버렸다. 태양계에서 퇴출당한 것이다. 명왕성에게 마음이 있다면 억울했을 것 같다. 하지만 명왕성은 이러한 논란 속에서도 여전히 태양 주위를 돌며 제 몫을 다하고 있다.

충남 아산에 가면 명왕성처럼 자신의 자리를 묵묵히 지키며 맥주를 만드는 브루어리 304가 있다. 브루어리 304는 반도체 회사들이 모인 아산시 탕정산업단지 안에 아담하게 자리하고 있다. '304'는 옛 주소 지번에서 따온 것이다. 특이하게 이곳의 모든 맥주 이름에는 '플루토'가 붙는다. 태양계에서 퇴출된 후 더 관심을 받은 명왕성처럼, 비록 구석에 자리하고 있어도 많은 이들의 사랑을 받고 싶은 마음을 담았다고 한다.

플루토는 그리스 신화에 나오는 지하 세계의 신 하데스의 영어 이름이기도 하다. 브루이리 304는 반도체 세척수 사업을 하는 범한정수에서 설립한 양조장으로, 남다른 지하수 정수 기술을 바탕으로 맛 좋은 맥주를 만들고 있다.

## 브루펍은 토요일만, 맥주 클래스는 첫째 토요일에

브루어리 304에서는 세 가지 스타일의 각기 다른 맥주를 만날 수 있다. 시그니처 맥주는 플루토 블론드 에일Pluto Blond Ale, 알코올 4.7%, IBU 30이다. 라거Light Lager와 크게 다르지 않은 색상을 띠고 있지만, 풍미는 굉장히 진하고도 화사하다. 이와 반대로 플루토 페일 에일Pluto Pale Ale, 알코올 5.0%, IBU 40은 클래식한 미국식 페일 에일이다. 드라이 홉핑을 하여 묵직한 여운이 남는다. 플루토 스타우트알코올 5.5%, IBU 22는 10가지가 넘는 몰트를 사용하여 만든, 깊고 다양한 풍미를 지닌 흑맥주이다. 120여 분 끓여 캐러멜 향이 강하며, 식후 디저트와 잘 어울린다.

브루어리 304는 시즈널 컬렉션을 통해 매번 특별한 맥주를 다양하게 소개하고 있다. 이곳의 지역 이름 음봉면에서 따다 이름 지은 음봉 필스너를 비롯하여, 민트 초코 스타우트, 세종 에떼여름 世宗, 아메리칸 프리미엄 라거, 비스킷 브라운 에일이 대표적이다. 실험적이라 마시는 재미가 있고, 또 이곳에서만 맛볼 수 있는 맥주라 더 특별하다.

브루펍은 토요일에만 오픈한다. 매월 첫째 주 토요일 오후 3시부터 90분간 맥주 클래스도 진행한다. 참가비는 1인당 3만원으로 브루어리 304 맥주를 포함한 여덟 가지 맥주 스타일을 배울 수 있다. 병 맥주로 테이크 아웃도 가능하다. 이밖에 서울을 비롯한 전국 곳곳의 펍에서 즐길 수 있으며, 펍은 홈페이지에서 확인할 수 있다. 종로의 펍 서울집시에 가면 브루어리 304와 콜라보하여 만든 맥주 오트밀 IPA, 정글주스, 뒷동산 에일 등도 만날 수 있다.

2006년 명왕성을 탐사하러 떠났던 뉴호라이즌스호는 2015년 7월 14일, 인류 최초로 명왕성에 도착했다. 뉴호라이즌스호는 명왕성을 발견했던 천문학자 클라이드 윌리암 톰보Clyde William Tombaugh의 유골을 싣고 지금도 우주를 여행하고 있다. 명왕성을 찾아가 듯, 브루어리 304로 플루토 맥주를 만나러 가자.

### 지은이의 두 줄 코멘트

**오윤희** 플루토 블론드 에일은 명왕성을 닮은 맥주이다. 금동 빛 맥주에 시트러스함과 트로피컬한 향이 어우러져 맛이 화사하다.

**원관연** 민트 초코 스타우트를 추천한다. 평소 민트를 좋아하는 여성분이라면, 여기에 초코와 커피 향이 조화를 이룬다면 더 이상 설명이 필요할까?

**304 맥주를 마실 수 있는 펍, 서울 집시**
주소 서울시 종로구 서순라길 107 전화 02-743-1212 영업시간 화~금요일 17:00~24:00 토·일요일 16:00~23:00(매주 월요일 휴무) SNS seoulgypsy(페이스북, 인스타그램)

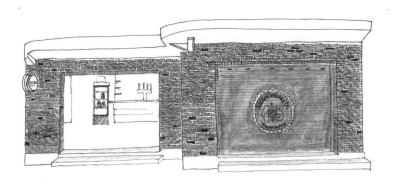

# 칠홉스 브루잉
## CHILLHOPS BREWING

---

**뉴질랜드 브루어가 만드는 남반구 맥주는 어떤 맛일까?**

충남 서산시에는 키위, 코알라, 그리고 홉을 로고로 사용하는 칠홉스 브루잉이 있다. 호주와 뉴질랜드 출신 브루어 두 명이 남반구 스타일로 맥주를 만든다. 대양주의 홉과 몰트로 만들어서일까? 맛이 새롭고 이채로워 자꾸 마시게 된다.

📍 충청남도 서산시 동서1로 148-3(석남동)
📞 010-3022-4997
🕐 금 19:00~01:00, 토 15:00~01:00
📘📷 chillhopsbrewingco
브루어리 투어 ☐  펍·탭룸 ☑

## 키위와 코알라의 나라에서 왔어요

날지 못하는 새, 뉴질랜드에 사는 키위Kiwi를 아는가? 과일 키위처럼 털이 갈색
이고, 둥근 몸집과 털이 많은 새이자 뉴질랜드 국조이다. 호주에도 독특한 동물
이 있다. 하루에 20시간 이상 잠을 자고, 유칼립투스 잎을 먹으며 나무 위에서
만 지내는 코알라이다.

충남 서산시에는 키위, 코알라, 그리고 홉을 로고로 사용하는 칠홉스 브루잉이
있다. 호주에서 태어난 브루어 닉 레넌Nick Lennan은 주중은 영어 교사로 일하고,
주말에는 맥주를 만든다. 푸른 눈의 이방인이 어쩌다 이 먼 곳까지 와서 맥주를
만들게 되었을까? 닉은 호주에서 한국인 아내를 만났다. 경치 좋고 인심 좋은 아
내의 고향 서산에 반해 이곳에 정착했다. 닉은 호주에서 온 네이슨Nathan Kelly과
함께 맥주를 만든다. 닉과 네이슨은 취미로 수제 맥주를 만들어 온 베테랑이다.
닉과 네이슨은 양조를, 둘의 아내는 운영과 기획, 홍보를 담당하고 있다. 칠홉스
브루잉은 호주와 뉴질랜드의 홉과 몰트로 맥주를 양조한다. 국내 브루어리는 대
부분 유럽과 미국의 홉과 몰트로 양조하고 있어서 더욱 이색적이다.

## 확실이 다른 맛, 기존 수제 맥주는 잊어라

칠홉스 브루잉의 맥주는 여섯 가지다. 남반구의 호주와 뉴질랜드에서 이름을 따
온 다운 언더Down Under, 알코올 5.0%, IBU 35가 대표 맥주로 호주산 몰트와 뉴질랜드
산 홉으로 만들었다. 드라이하고 크리스피한 바디감을 가진 골든 에일이다. 좀
가볍고 발랄한 맥주를 마시고 싶다면, 트로피컬 스플래시Tropical Splash, 알코올 5.0%,
IBU 27를 추천한다. 가벼운 골든 에일 스타일로 오렌지, 자몽, 귤 향이 배어 나와
맛이 새콤달콤하다. 호주 국민 맥주가 궁금하다면, 그데이 메잇G'Daymate, 알코올
4.4%, IBU 47을 마셔보길 권한다. 오스트리안 세션 IPA로, 오직 호주산 홉과 몰트
로 만들었다. 풀 바디감을 가진 이 맥주는 낮은 알코올 함량으로 호주 국민들이

여름내 즐겨 마시는 맥주이다.

입 안 가득 홉의 흥겨운 파티를 즐기고 싶다면, 파이스티 레드Fiesty Red, 알코올 5.6%, IBU 65만한 게 없다. 홉과 향의 결정판으로 스페셜한 레드 몰트를 사용한 다크 레드 IPA다. 호주 다크 에일에서 영감을 받아 만든 더티 플레이Dirty Play, 알코올 6.8%, IBU 60는 스타우트라 생각하기 쉽지만, 그보다 깔끔하고 헤드 거품에서 부드러운 커피 향이 느껴지는 맥주이다. 뉴질랜드산 홉이 들어가 비트함과 열대 과일 향이 입 전체를 감싸는 하카Haka, 알코올 6.6%, IBU 45는 칠홉스 브루잉에서 새롭게 출시된 맥주이다. 무얼 하나 결정하기 어렵다면, 네 가지를 골라 마실 수 있는 Paddle을 추천한다.

칠홉스 브루잉의 탭룸은 금요일과 토요일만 운영한다. 그라울러에 맥주 포장 판매그라울러 20,000원, 모든 맥주는 15,000원도 하고 있으며, 서울에서는 단 한 곳, 닉의 뉴질랜드 친구가 신촌에서 운영하는 펍 네이버후드에서 맛볼 수 있다.

💬 **지은이의 두 줄 코멘트**

**오윤희** 하카가 좋았다. 너무 맛있어서 그라울러에 담아와 다시 마신 맥주다. 뉴질랜드 원주민 마오리족의 민속춤에서 이름을 따왔다. 마시는 순간부터 목으로 넘기는 순간까지 화사하고 흥겨운 뉴질랜드 홉 향을 느낄 수 있다.

**원관연** 트로피컬 스플래시를 추천한다. 골든 에일이지만 그간 먹었던 골든 에일과 사뭇 다른 향과 크리미한 맛이 난다. 다른 맥주들도 맛이 생소해 특별한 경험이 될 것이다.

**칠홉스 맥주를 마실 수 있는 펍, 네이버후드**
주소 서울시 서대문구 연세로7안길 41 1층
전화 02-3144-0860
시간 매일 17:00~01:00(연중무휴)
SNS neighborhood_sinchon(인스타그램), neighborhoodsinchon(페이스북)

# 코리아 크래프트 브류어리
## KOREA CRAFT BREWERY

---

**이번 주말, 브루어리 투어 떠나 볼까?**

맥주를 사랑하는 이들에게 코리아 크래프트는 파라다이스와 같은 곳이다. 북유럽 스타일로 지은 적벽돌 건물 안에 양조장과 탭룸, 기념품 숍을 갖추고 있다. 국내 최초로 양조장 투어를 시작하였으며, 지금도 매주 토요일 13시에 투어를 진행하고 있다.

📍 충청북도 음성군 원남면 원남산단로 92

📞 043-927-2600

🕐 **월~금** 9:00~18:00(캔 맥주, 병 맥주, 기념품만 판매),
   **토요일** 13:00~17:00(브루어리 투어 진행 및 탭룸 오픈)

≡ http://www.koreacraftbrewery.com/

f arkbeerkorea  📷 arkbeer_official

브루어리 투어 ☑  펍·탭룸 ☑  굿즈숍 ☑

## 기찻길 옆 낭만 브루어리

코리아 크래프트 브류어리는 기차 여행이 그리워지는 날 가기 좋은 곳이다. 음성역에서 약 5km 남짓 떨어진 기찻길 옆에 있어, 여행 감성을 충족시켜 준다. 북유럽 스타일 건물 외관과 넓은 잔디밭, 기념품 숍과 탭룸 등을 갖추고 있다. 그 야말로 맥주를 사랑하는 사람들에게는 파라다이스와 같은 곳이다. 2014년 3월 오픈한, 한국 최초의 크래프트 브루어리로도 유명하다. 국내에서 처음으로 브루어리 투어 프로그램을 개발하였으며, 지금도 매주 토요일에 진행하고 있다. 투어에 참여하면 한국 최초의 크래프트 맥주 브랜드 아크Ark를 맛볼 수 있다. 아크는 노아의 방주Noah's Ark에서 따온 이름이다.

브루어리 투어는 클래식 투어, 마스터 투어, You Drink! We Drive! 등 세 가지 종류가 있다. 클래식 투어에서는 맥주 원료와 양조 과정을 소개받을 수 있다. 마스터 투어는 헤드 브루어 마크 하몬Mark Hamon이 진행하는 투어로 심도 있는 브루잉 기술과 브루잉에 대한 궁금증을 해결할 수 있다. You Drink! We Drive!는 브루어리 행 버스에 탑승하여 맥주를 즐기며 하는 투어이다. 브루어리 투어가 진행되는 토요일에는 탭룸에서 제공하는 맥주 7종을 무제한 마실 수 있는 R.I.P 티켓도 판매한다.

## 독일 타입부터 미국 스타일 맥주까지

코리아 크래프트에서 생산하는 맥주는 대략 20여 가지이다. 미국, 프랑스, 벨기에, 독일 스타일 등 다양한 맥주를 즐길 수 있다. 먼저 오렌지 향이 나는 밀 맥주 허그 미Hug Me, 알코올 5.5%를 추천한다. 벨지안 위트 에일로 국내산 생강이 들어가 기존 맥주보다 감칠맛이 더 하고 신선함도 뛰어나다. 목 넘김이 부드럽고 편안

⊕ TIP

브루어리 투어 안내 **시간** 매주 토요일 13:00~17:00(브루어리 투어 진행 및 탭룸 오픈)
**비용** 클래식 투어 20,000원 / 마스터 투어 30,000원 / You Drink! We Drive! 투어 40,000원

하다. 여행하는 기분을 느끼고 싶다면 아메리칸 위트 에일인 코스믹 댄서Cosmic Dancer, 알코올 5.5%를 추천한다. 열대 과일 향이 나 시트러스한 풍미가 일품이다. 여름 한정 상품으로 기획된 맥주였으나, 열광적인 호응으로 지금은 사계절 사랑받는 맥주가 되었다. 썸을 타는 남녀라면 달콤 쌉싸름한 썸앤썸Some&Some, 알코올 4.5%을 추천한다. 발렌타인 데이와 화이트 데이를 위해 한정판으로 출시되었다가 큰 인기를 끌어, 현재는 365일 연인들의 테이블에 올라온다.

라인 프렌즈 캐릭터와 콜라보 한 이색적인 맥주 아크 브라운Ark Brown, 알코올 4.3%과 아크 코니Ark Kony, 알코올 4.5%도 만날 수 있다. 해운대 비치 에일Haeundae Beach Ale, 알코올 4.2%은 바다처럼 시원한 서머 에일이다. 서빙고Seo Bing Go, 알코올 8.5%는 국내 최초로 벨기에 수도원 맥주를 재현한 트리펠 비어이다. 복 에일 동빙고Dong Bing Go, 알코올 8.5%, 쎄션 에일 불싸조Phoenix Bulssajo Ale, 알콜 5.0%, 국산 옥수수와 옥수수 수염을 첨가한 평창 화이트 에일알코올 4.9%도 있다. 맥주는 병과 캔으로도 판매 중이다. 음성 탭룸과 아크 직영 펍에서 즐길 수 있으며, 주요 백화점과 대형 마트에서도 판매한다.

### 지은이의 두 줄 코멘트

**오윤희** 평창 화이트 에일을 추천한다. 겨울을 추억하기 좋다. 눈과 설원, 겨울의 낭만을 담은 평창 맥주를 마셔보자.

**원관연** 맥주도 맥주지만 원료와 양조 과정을 쉽게 이해 할 수 있는 브루어리 투어를 적극 추천한다. 투어에 참여하면 어느 맥주든 맛이 배가 될 것이다.

### ARK 직영 펍 안내

ARK ROUTE 146 **주소** 경기도 성남시 분당구 판교역로146번길 20 현대백화점 판교점 지하 1층 **전화** 031-5170-2077 SNS ark_route146(인스타그램)

강남 1호점 **주소** 서울시 서초구 서초대로74길 29 서초파라곤 104호 **전화** 02-3472-2977 SNS arkpub_gangnam(인스타그램)

강남 2호점 **주소** 서울특별시 서초구 서운로 226 **전화** 070-7755-2977

ARK ROUTE 20 **주소** 서울시 중구 장충단로13길 20 현대시티아울렛 지하 1층 **전화** 02-2283-2147 SNS ark_route20(인스타그램)

# 플래티넘 크래프트 맥주
## PLATINUM CRAFT BEER

---

### 수제 맥주로 한류를 꿈꾸다

프래티넘 크래프트는 국내 수제 맥주 매출 순위 1위를 달리고 있다. 대기업을 제외하고 대한민국뿐 아니라 아시아에서 브루어리 규모가 가장 크다. 그 동안 국내와 세계 주요 맥주 대회에 나가 22관왕을 차지할 만큼 나라 안팎에서 품질도 인정받고 있다.

📍 충북 증평군 증평읍 울어바위길 79-46
📞 043-838-6076
☰ http://www.platinumbeer.com/
🅕 platinumbeer 🅘 platinumcraftbeer
브루어리 투어 ⬚ 펍·탭룸 ⬚

## 세계 주요 맥주 대회에서 22관왕

프래티넘 크래프트는 맥주 한류를 꿈꾸는 브루어리이다. 2002년 압구정동 브루펍에서 시작하여 2010년에는 중국 산동성에 브루어리를, 2016년엔 충북 증평에 제2브루어리를 설립했다. 세계 주요 맥주 대회에서 22관왕을 차지하면서 국내외에서 품질을 인정받았으며, 현재는 국내 수제 맥주 매출 1위 브루어리로 꼽히고 있다. 연간 1300만 리터를 생산할 수 있는 아시아 최대 규모 시설을 갖추었으며, 수출에 대비하여 캔 생산이 가능한 라인도 구축했다. 대기업을 제외하고 대한민국에서 가장 규모가 큰 브루어리라 할 수 있다.

플래티넘 크래프트의 CI에는 북두칠성과 곰이 그려져 있다. 한국 크래프트 맥주 시장의 방향을 제시하고 기준이 되겠다는 포부를 담아 '북두칠성'을 그려 넣었고, 그 옆에 한국인의 정신이 담긴 단군신화에서 영감을 받아 '곰'을 넣었다. 맥주 잔과 캔에는 대중들에게 더 친숙한 이미지로 다가가기 위해 곰과 손 이미지로 만든 CI가 새겨져 있다. 이 손은 브루마스터인 윤정훈 부사장의 손 이미지를 작업한 것으로, 플래티넘만의 맛과 장인정신을 의미한다.

## 프래티넘의 명품 맥주들

플래티넘 아이피에이, 플래티넘 골드 에일, 플래티넘 오트밀 스타우트, 플래티넘 페일 에일, 플래티넘 화이트 에일. 플래티넘에서 맛볼 수 있는 맥주는 이렇게 다섯 가지다. 이 중 페일 에일과 화이트 에일은 캔맥주도 판매한다. 롯데마트와 편의점 세븐일레븐에서 구입할 수 있다. 최근 시즈널 맥주로 복 비어Mr. Bock, 알코올 6.7%도 캔으로 출시했다.

플래티넘 맥주를 처음 맛보는 이에게는 플래티넘 페일 에일알코올 5.0%, IBU 34을 추천한다. 2016 대한민국 주류 대상 2관왕, 아시아 비어 컵 2015 은상, 호주 인터내셔널 비어 어워즈 5관왕 등 다양한 수상 이력을 가진 맥주이다. 2002년 국내에 첫 선을 보인 미국식 페일 에일로, 플래티넘의 대표 맥주이다. 입맛을 돋우는 가벼운 쓴맛과 열대 과일 향기가 어우러져 풍부한 맛을 낸다. 플래티넘 골드 에 일알코올 4.5%, IBU 15도 추천한다. 100% 프리미엄 몰트를 사용해 양조했다. 황금빛 이 감도는 맥주로 맛이 풍부하면서도 깔끔하여 누구나 부담 없이 즐길 수 있다. 플래티넘 화이트 에일과 플레티넘 골드 에일은 2018 대한민국주류대상 크래프 트 에일 부문 대상을 수상하였다.

캔 맥주를 '딴까' 딴다
책을 꺼내 첫 페이지를 펼친다
이 순간 '최고의 행복'이라는 말을 떠올린다
-온다 리쿠의 <토요일은 회색 말> 중에서

<토요일은 회색 말>의 한 구절처럼 딸깍, 마개를 딴 플래티넘 맥주를 앞에 놓고 여유롭게 책을 읽으며 '최고의 행복'을 누려보면 어떨까? 서울 지역 50여 개 비 어 펍에서 플래티넘의 맥주를 즐길 수 있다. 구체적인 내용은 홈페이지와 SNS 에서 확인 가능하다.

## 🗨 지은이의 두 줄 코멘트

**오윤희** 플래티넘 골든 에일을 추천한다. 금빛이 아름답게 감도는 맥주로, 2015 코리아 드링크 어워드 수상 이력을 가지고 있다. 깔끔한 뒷맛과 잔잔한 홉 향을 느낄 수 있다. 누구나 부담 없 이 즐길 수 있어서 좋다.

**원관연** 플래티넘 페일 에일을 추천한다. 편의점에서도 판매해 '혼맥' 하기 딱 좋은 맥주다. 국내 외의 맥주 어워드 수상 경력이 화려하다. 무엇보다 페일 에일 특유의 향긋함이 기분을 좋게 해 준다. 페일 에일이 그립다면 지금 당장 세븐일레븐으로 달려가자.

# 뱅크 크릭 브루잉
## BANK CREEK BREWING

___

### 제천 주민이 기른 국산 홉으로 만든 맥주

뱅크 크릭은 충북 제천의 산골마을에 있다. 마을 이름은 솔티. 소나무가 많은 고갯길에 있어서 이처럼 아름다운 이름을 얻었다. 뱅크크릭은 마을 사람들이 농사지은 홉으로 맥주를 만든다. 우리나라에서는 보기 드물게 '신토불이' 맥주를 생산하고 있는 셈이다.

📍 충청북도 제천시 봉양읍 세거리로13길 106

📞 043-646-2337

🕐 월~금요일 10:00~17:30(주말에도 미리 연락하면 맥주 주문 및 구매 가능)

☰ http://blog.naver.com/pangtoc

🅕 bankcreek  📷 deuksookim

브루어리 투어 ☑  펍·탭룸 ☑

## 홉 농사도 짓고 수제 맥주도 만들고

제천에는 소나무가 많은 고갯길 마을, 솔티마을이 있다. 솔티마을은 주민들이 홉 농사 짓는 곳이다. 홉은 뽕나무과에 속하는 다년생 덩굴식물로 서늘한 곳에서 잘 자란다. 이 홉 가운데 암꽃 이삭을 성숙 초기에 채취하여 맥주에 사용한다. 홉은 맥아즙의 단백질을 침전시켜 제품을 맑게 해주고, 잡균 번식을 방지하여 저장성을 높여준다. 더불어 홉 특유의 향은 맥주의 아로마를 짙게 만들어준다.

뱅크 크릭 브루잉은 한때 소프트웨어 회사를 운영했던 홍성태 대표가 은퇴 후 솔티마을로 귀농하여 설립한 브루어리이다. 제천의 '제'堤는 물을 가두는 둑을 의미하고, '천'川은 냇물을 의미한다. 둑은 영어로 '뱅크'Bank이고, 개울은 '크릭'Creek이다. 홍 대표는 자신이 만든 맥주에 제천의 맛과 자연과 역사를 담기 위해, 브루어리 이름을 제천의 영어식 표현인 'Bank Creek'으로 지었다. 로고도 제천 지도 모양으로 만들었다.

그는 홉 농사도 직접 짓는다. 예전에 강원도 고지에서 홉을 생산하였지만, 수입 홉 탓에 수지타산이 맞지 않아 맥이 잠시 끊겼다. 최근 수제 맥주가 인기를 얻으면서 조금씩 홉 재배가 늘어나고 있다. 솔티마을에서는 약 6,000여 평에 홉 14종을 재배하고 있다. 게다가 몇 년 전부터 생산량을 늘리기 위해 벨기에서 묘목 5,000주 들여와 이곳의 기후와 토질에 정착시키기 위해 노력하고 있다. 머지 않아 뱅크 크릭 브루잉에서는 100% 국내산 홉을 사용하여 맥주를 만들 수 있게 될 것이다. 마을 공동체에서 재배한 홉을 맥주 양조에 활용되는 사례는 뱅크 크릭 브루잉이 유일하다. 덕분에 뱅크 크릭은 제천의 대표 브루어리가 되었다.

## 맥주에 제천의 자연과 역사를 담다

뱅크 크릭에서 양조되는 맥주는 여섯 가지이다. 솔티 벨지안 페일 에일SOLTI Belgian Pale Ale, 알코올 8.0%, IBU 35, 솔티 위트 에일SOLTI Wheat Ale, 알코올 5.5%, IBU 10, 솔티 오리지날 블론드알코올 6.1%, IBU 26, 솔티 오리지날 브라운알콜 6.0%, IBU 15, 솔티의 봄알 코올 3.8%, IBU 15 최근 출시된 솔티 8 Double IPA알코올 8.0%, IBU 200이 그들이다. 솔 티 벨지안 페일 에일은 영국과 미국 효모를 사용한 임페리얼 페일에일이다. 몰 트와 효모의 어우러짐과 드라이 홉핑이 인상적인 고도수 맥주다. 솔티 위트 에 일은 전통적인 벨기에 맥주로, 풍부한 맛과 진한 오렌지 향 피니시가 인상적이 다. 솔티 오리지날 브라운은 몰트 향미와 나무 탄 향이 긴 여운을 남긴다. 커피 와 초콜릿 향도 배어 난다. 솔티의 봄은 제천의 봄을 표현한 맥주다. 봄에 수확 한 벨기에의 몰트와 홉으로 양조하여 크리스피함이 강하다. 마치 새싹을 피우 고 계절의 서막을 여는 봄처럼 말이다.

솔티 8 더블 아이피에이는 특히 인상적이다. 항일 투쟁을 벌였던 제천의 의병장 류인석의 숭고한 정신을 담은 까닭이다. 그는 항일투쟁을 위해 '팔도에 고하노 라'라는 격문을 발표하고 항일 투쟁을 도모했다. 여러 번의 드라이 홉핑으로 마 무리 되어 홉 향, 과일 향, 꿀 향이 풍성하게 어우러져 있다.

뱅크 크릭에서는 정기적으로 제천 수제 맥주 파티, 홉 수확 체험 프로그램 등을 진행하고 있다. 사과를 넣은 애플 사이더도 판매한다. 올봄, 직영 펍 솔티 에일 을 제천시에 오픈한다. 브루어리에서 병 포장 맥주를 테이크 아웃할 수 있다. 경 주 코오롱 호텔, 강남의 제플린 LP바, 잠실새내역구 신천역 부근 LP바 딱정벌레, 부산 코모도호텔, 서울 건대 부근의 자버자버 커먼그라운드점, 서울 강남의 호 텔 카푸치노 등에 납품도 하고 있다.

### 🔍 지은이의 두 줄 코멘트

**오윤희** 솔티 8을 추천한다. IBU 200이 말해주듯 홉이 치고 올라온다. 지금까지 알던 맥주보다 훨씬 더 향긋한 맛을 느낄 수 있다. 의병들의 숭고한 영혼을 기억하며 솔티 8을 경험해 보시길.

**원관연** 신선함, 산지직송, 신토불이. 이런 말이 절로 떠오르는 브루어리다. 아마도 가장 신선한 재료로 맥주는 만드는 곳이 아닐까?

# 광주·전라도
## GWANGJU·JEOLLADO

무등산 브루어리_광주
담주 브로이_담양
파머스 맥주_고창

파머스
맥주

담주 브루어리

무등산
브루어리

# 무등산 브루어리
## MUDEUNGSAN BREWERY

---

### 빛고을의 자연과 숭고한 스토리를 담았다

종종 머피의 법칙이 강력하게 작용하여 힘든 하루를 보낼 때가 있다. 광주광역시 동명동의 무등산 브루어리는 이런 날 가고 싶은 곳이다. 50년 된 가정집을 개조하여 브루펍을 만들었는데 분위기가 모던하면서도 더없이 따뜻하여 저절로 마음에 평화가 찾아온다.

📍 광주광역시 동구 동명로14번길 29(동명동)

📞 062-225-1963

🕐 15:00~24:00(월요일 휴무)

f afterworks.brewpub  ⦿ afterworks_brewpub

브루어리 투어 ☐  펍·탭룸 ☑

**50년 된 가정집에 들어선 브루펍**

나는 출퇴근 시간을 여행이라 생각하며 일상을 긍정하는 삶을 살아간다. 하루
하루 고군분투하는 미생이지만, 일상의 틈과 틈 사이를 아끼어 여행을 하고 맥
주에 관한 글쓰기로 채워가고 있다. 틈틈이 좋아하는 걸 추구하며 인생의 의미
를 찾아가니, 그 안에서 나는 행복하다.

우리의 운명에 용기를 복돋기 위해서 한잔의 맥주를!
-스코틀랜드 메리 여왕

종종 머피의 법칙이 강력하게 작용하는 힘든 하루를 보낼 때가 있다. 생기 잃은
얼굴로 지친 몸을 이끌고 터벅터벅 집으로 돌아가는 길에 가장 그리운 것은 맥
주 한잔이다. 광주광역시 동구 동명동의 브루펍 무등산 브루어리애프터웍스는 그
런 날 가고 싶은 곳이다. 50년 된 가정집을 개조하여 브루펍을 만들었는데 분
위기가 모던하면서도 따뜻하다. 퇴근 후 가기에 거리가 멀어 아쉬울 뿐이다.

동명동은 광주의 구시가지로, 이 지역 최초의 계획 주거 단지다. 오밀조밀한 주택
가에 자리잡은 무등산 브루어리는 하루 끝자락에 마시는 '맥주 한잔의 감성'을 살
려주기에 부족함이 없다. 광주에서 유일하게 수제 맥주를 맛볼 수 있는 곳으로 이
지역의 수제 맥주 마니아에게 큰 사랑을 받고 있다. 무등산 브루어리는 민주화 운
동의 거점이었던 광주시의 브루어리답게, 2016년 8월 15일 광복절에 문을 열었
다. 지역 농산물로 만드는 수제맥주와 신선한 재료로 만드는 정직한 음식으로 손
님들을 맞이하고 있다. 음식 메뉴는 피자, 파스타, 스테이크 등 종류가 다양하다.

**광주 이야기, 맥주에 담기다**

무등산 브루어리의 정규 맥주는 모두 여섯 가지이다. 맥주마다 광주의 자연과

빛고을의 스토리를 풍성하게 담았다. 무등산 필스너Pale Lager, 알코올 4.0%는 무등산의 황금빛 억새밭을 연상시키는 맥주이다. 홉의 향긋함과 쌉쌀함이 균형을 이루어 맛이 깔끔하다. 광산 바이젠Weizen, 알코올 4.5%은 풍부한 과일 향이 나는 밀맥주로, 국내 최대 밀 생산지인 광주 광산의 우리 밀로 만든다. 크리미한 거품이 부드러워 누구나 부담없이 즐길 수 있다.

평화 페일 에일Pale Ale, 알코올 6.0%은 일반적인 페일 에일보다 질감이 부드러운 맥주이다. '5.18 광주 민주화 운동'을 기념하기 위해 2017년 5월 18일부터 판매하기 시작했다. 영산강 둔켈Dunkel, 알코올 4.0%은 직접 로스팅한 맥아를 사용하여 만든다. 고소한 향이 나고 맛이 부드러운 흑맥주이다. 홉의 풍미와 몰트의 달콤함이 섞여 끝 맛이 고소하면서도 쌉쌀한 에일 맥주 동명 ESAExtra Strong Ale, 알코올 6.0%, 겨울 맞이를 위해 만든 입동 IPA알코올 5.5%도 기억해두자. 입동 IPA는 과일 향이 나는 모자익Mosaic 홉 사용하여 다채로운 향이 난다. 무술 커피 스타우트알코올 6.0%는 2018년 무술년을 기념하여 만든 맥주이다. 광주 치평동 상무지구에 있는 카페 '304 COFFEE ROASTER'에서 공급받는 원두 '라스 라하스 페를라 네그라'Las Lajas Perla Negra를 넣어 만든다.

하루의 끝자락, 내일을 위한 평안과 위로가 필요하다면, 동명동의 브루펍 무등산으로 가자. 그곳엔 잔잔히 마음을 다독여 주는 풍미 좋은 맥주가 있다. 수고한 당신을 위하여 건배!

### 지은이의 두 줄 코멘트

**오윤희** 광산 바이젠을 마셔보자. 광주 광산에서 생산되는 우리 밀로 만든 크리미한 맥주이다. 열심히 일한 당신에게 주는 선물로 딱이다. 바이젠 특유의 향긋한 바나나 향은 덤이다.

**원관연** 동명ESA를 추천한다. 하루의 고단함을 달래기에 이만한 맥주도 없다. 맥주 한 모금 넘기면 그것만으로도 괜찮은 하루를 보낸 게 아닌가 싶을 것이다.

# 담주 브로이
## DAMJU BREWERY

---

### 맥주가 대나무를 만났을 때

맥주가 대나무를 만나면 어떤 맛일까? 전남 담양의 담주 브로이는 이런 궁금증을 풀어 주는 브루펍이다. 담주 브로이는 대나무 잎을 이용하여 양조하는 기술로 특허까지 받았다. 밤부 바이젠, 밤부 둔켈, 밤부 스포필스. 대나무의 싱그러움이 당신을 찾아간다.

📍 전라남도 담양군 담양읍 추성로 1134
📞 061-381-6788
🕐 매일 10:00~22:30(연중무휴)
🅕 🅘 damju6788
브루어리 투어 ☑  펍·탭룸 ☑

## 대나무 잎으로 맥주를 만든다

전라남도 담양군은 대나무로 유명하다. 전국에서 자생하는 대나무의 34.4%가 이곳에서 자란다. 고려 초부터 매년 음력 5월 13일을 죽취일竹醉日과 죽술일竹述日로 정하여, 모든 주민이 단결하고 화합하는 행사가 열릴만큼 대나무와 인연이 깊은 곳이다.

대나무는 헥타르 당 가장 많은 이산화탄소를 흡수하는 나무이다. 다른 수목에 비해 짧은 시간에 숲을 이루어 자원을 확보하기에도 좋다. 잎, 죽순, 수액 등이 유용하게 쓰일 뿐만 아니라 죽염, 부채, 가구, 악기, 장신구 등에도 활용되고 있다. 대나무는 의식주 전반에 고루 쓰이는 유용한 자원이다.

쓰임새 많은 대나무가 이번엔 맥주와 만났다. 2002년에 설립된 담주 브로이는 담양 대나무 잎을 이용하여 맥주를 양조하는 기술로 특허를 받은 브루펍이다. 댓잎은 이뇨 작용을 좋게 하여 피부 미용에 효과적이고, 비타민 C뿐만 아니라 칼륨, 철분, 무기 성분 등을 풍부하게 함유한 건강한 식재료이다.

담주 브로이는 대나무를 좋아하는 판다를 캐릭터로 만들었다. 판다 캐릭터의 이름은 '밤블리'Bambly이다. 대나무를 뜻하는 영어 단어 Bamboo와 '사랑스러운'이라는 뜻 'Lovely'를 합쳐 밤블리라 이름 지었다. 캐릭터가 아기자기하고 귀엽다.

## 싱그러운 댓잎 향이 코끝을 스친다

담주 브로이에서 생산하는 맥주는 밤부 바이젠, 밤부 둔켈, 라거 스타일의 맥주 밤부 스포필스Bamboo Spopils, 밤부 스포라이스Bamboo Sporice, 밤부 우스라이Bamboo Wooserie 등이 있다. 맛이 다 좋지만 특별히 밤부 바이젠Bamboo Weizen을 추천하고 싶다. 알코올 도수가 4.5%인 밀 맥주로, 혈액 순환과 피부 미용에 좋은 담양의 댓잎 차를 가미해 만들었다. 댓잎의 싱그러운 향이 코끝으로 전해져 저절로 힐링이 되는 기분을 느낄 수 있다.

담양의 죽순에 친환경 쌀을 가미한 스포라이스Sporice, 알코올 4.5%도 마셔보길 권한다. 죽순과 쌀의 담백하고 깔끔한 조화가 일품이다. 어떤 음식과 곁들여 먹어도 잘 어울려 좋다. 건강을 생각한다면 우스라이알코올 4.5%를 추천한다. 우슬사포닌과 칼슘을 함유한 쓰고 신맛 나는 한약재로 쇠무릎의 뿌리를 말한다. 간·신장·심장·폐·위 등에 좋다.과 쌀을 주원료로 만든 맥주이다. 진한 호박 빛깔이 나는데, 은은하게 약재 향이 감돌아 보약을 마시는 느낌이 든다.

담주 브로이의 특별한 장점은 밤블리 맥주를 죽순 음식과 더불어 마실 수 있다는 점이다. 수제 죽순 소시지, 죽순 떡갈비 같은 음식은 맥주와 정말 잘 어울린다. 담주 브로이에서는 식사도 가능하다.

도시 생활에 지친 당신의 영혼에 활기를 불어 넣고 싶다면 이번 주말, 전남 담양으로 가자. 바람과 노는 대나무와 대나무 향 은은한 수제 맥주가, 토닥토닥 당신의 영혼을 위로해줄 것이다.

### 💬 지은이의 두 줄 코멘트

**오윤희** 밤부 스포필스Bamboo Spopils를 추천한다. 죽순을 가미해 만든 라거 맥주로, 맑고 청량한 담양의 기운을 담아냈다. 대나무숲에서 스포필스 한잔 마시고 있노라면, 마음이 상쾌해지는 게 저절로 힐링이 되는 것 같다. 이것이야말로 진정한 산림욕, 아니 죽림욕이 아닐까?

**원관연** 밤부 우스라이Bamboo Wooserie를 추천한다. 담양까지 갔다면 한번은 꼭 마셔봐야 할 맥주이다. 우슬 특유의 약재 향이 올라오지만 향기가 은은하고 부드러워 거슬리지 않는다. 한두 잔 마시면 마음이 편안해지고 몸도 건강해지는 기분이 든다.

# 파머스 맥주
## FARMERS BREWERY

---

### 우리 보리로 만들어 세상에 하나밖에 없다

매년 봄이 되면 전라북도 고창군에는 청보리의 초록빛 향연이 펼쳐진다. 이렇듯 아름다운 고창에 가야 할 이유가 하나 더 생겼다. 국산 보리로 수제 맥주를 양조하는 파머스 브루어리가 그곳에 있기 때문이다. 가장 한국적인 맥주가 고창에 있는 까닭이다.

📍 전라북도 고창군 부안면 복분자로 434-129

📞 063-561-4225

🕐 월~금 09:00~18:00(주말은 전화 문의)

📷 farmers_brewery

브루어리 투어 ☑   펍·탭룸 ☐

## 청보리 푸른 기운을 맥주에 담다

매년 봄이 되면 전라북도 고창군에는 초록빛 향연이 펼쳐진다. 30만평에 이르는 대지에 청보리가 초록 물결을 이룬다. 바람에 넘실대는 초록 바다 같다. 고창엔 보리밭만 있는 게 아니다. 반갑게도 국산 보리로 맥주를 만드는 브루어리도 고창에 있다. 2013년 6월에 설립된 파머스 맥주이다. 예전 이름은 GDC 브루어리였다. 청보리 밭은 이토록 아름답지만 사실 맥주 양조에 쓰이는 보리는 대부분 수입에 의존해왔다. 지금도 사정은 비슷하다. 이런 까닭에 맥주 마니아 사이에서도 국산 보리로 만든 맥주가 있다는 사실을 아는 사람은 많지 않다. 맛이 다양한 수제 맥주가 많이 등장하고 있는 요즘이지만, 국산 보리 맥주는 여전히 '비주류 중의 비주류'이다. 파머스 맥주의 존재는 그래서 더 반갑다. 파머스 맥주는 고창과 김제에서 생산한 맥주 보리를 기본 맥아로 사용하고 있다. 맥주 본연의 맛에 한국의 맛과 표정을 더하는 것, 그리하여 세상에 하나밖에 없는 명품 크래프트 비어를 만드는 것이 파머스 맥주의 꿈이다. 나는 지금, 아름다운 꿈의 양조장으로 가고 있다.

## 우리 쌀과 보리로 만든 프리미엄 맥주

파머스 맥주에서 즐길 수 있는 맥주는 모두 일곱 가지이다. 이 중에서 파머스 드라이Farmers Dry, 알콜 4.0%는 100% 국산 쌀과 보리로 만든 국내 최초의 '프리미엄 쌀 맥주'이다. 파머스 맥주의 대표 맥주이다. 필스너Pilsners, 알콜 4.0% 역시 국산 맥주 보리광맥와 필스너 몰트로 양조한 라거로, 홉의 쌉싸름한 맛과 국산 보리의 단맛이 은근하게 느껴져 매력적이다.

고창과 어울리는 맥주를 찾는다면 파머스 엑스스트롱 에일Famers XStrong Ale, 알코올 6.0%을 추천한다. 붉은 빛을 띠는 페일 에일이라 마치 청보리 밭 위로 노을이 지고 있는 고창 풍경을 마시는 것 같아 낭만적인 기분이 든다. 이밖에 부드럽고 바나나 향이 달콤한 바이젠HefeWeizen, 알코올 4.5%, 바디감이 가벼운 흑맥주 둔켈Dunkel, 알코올 4.0%, 입안 가득 열대 과일 향이 퍼지는 인디아 페일 에일IPA, India Pale Ale, 알코올 5.0%, 황금빛 맥주에 특유의 향이 어우러진 골든 에일Golden Ale, 알코올 5.0%도 있다. 시즌 맥주로 유달산 다크 에일Yudalsan Dark Ale, 알코올 5.5%도 판매한다. 정규 투어 프로그램은 없지만, 미리 전화하고 방문하면 투어가 가능하며 시음도 할 수 있다. 서울과 광주, 목포에서도 파머스 맥주를 마실 수 있다. 지하철 2호선 낙성대역 근처에 요즘 떠오르는 샤로수길이라고 있다. 서울대로 가는 길 옆으로 난 골목인데 이곳에 수제 맥주 펍 밀형제 양조장이 있다. 파머스 맥주가 주된 라인업으로, 다섯 가지 스타일을 담은 샘플러를 주문할 수 있다. 광주 송정동 밀밭 양조장과 목포의 파머스 브루어리에서도 파머스 맥주를 즐길 수 있다. 우리 쌀과 우리 보리로 양조한 신토불이 맥주가 궁금하다면, 전라북도 고창 파머스 맥주로 떠나자.

### 💬 지은이의 두 줄 코멘트

**오윤희** 둔켈을 추천한다. 다크 라거 스타일로 가벼운 바디감에 몰트의 달콤한 맛과 향이 잘 어우러지는 맥주다. 마시면 마실수록 은은한 달달함에 빠져든다고 할까? 흑맥주의 새로움을 발견하고 싶다면, 답은 둔켈이다.

**원관연** 파머스 드라이도 좋다. 보리와 쌀이 함께 들어가 있어 마치 블랑처럼 새콤한 듯 하면서도 깔끔하게 넘어간다.

---

**파머스 맥주를 즐길 수 있는 곳**

밀형제 양조장 **주소** 서울시 관악구 관악로14길 22, 2층 **전화** 02-6052-5151 **영업시간** 일·월·화 18:00~02:00, 수·목 14:00~02:00, 금·토 14:00~03:00 **SNS** wheatbros_brewery(인스타그램)
밀밭양조장 **주소** 광주광역시 광산구 송정로8번길 29 **전화** 062-233-3225
**영업시간** 주중 14:00~02:00 주말 12:00~02:00 인스타그램 wheatfieldbrewing
파머스 브루어리 **주소** 전남 목포시 원형동로 13(평화광장 롯데시네마 뒤쪽) **전화** 010-4177-0603
**시간** 평일 18:00~03:00 금·토·일 18:00~04:00

# 부산
## BUSAN

와일드 웨이브 브루잉_송정동
고릴라 브루잉 컴퍼니_광안동
갈매기 브루잉 컴퍼니_남천동
어드밴스드 브루잉_기장읍

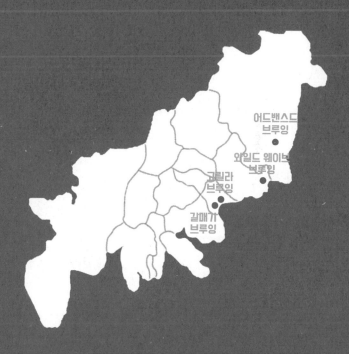

# 와일드 웨이브 브루잉
## WILD WAVE BREWING

**맥주 덕후들은 왜 이 맥주에 열광하는가?**

2016년 미국의 맥주 평가 사이트 레이트비어는 한국의 최고 수제 맥주로 '설레임'을 선정했다. 이 맥주를 만든 사람은 놀랍게도 집시 브루어들이다. 지금은 부산 송정동에 브루어리와 펍을 오픈했다. 와일드 웨이브는 사우어 비어 전문 브루펍이다.

📍 부산광역시 해운대구 송정중앙로5번길 106-1(송정동)
📞 051-702-0839
🕐 화~금요일 18:00~24:00 토·일요일 12:00~24:00(월요일 휴무)
≡ www.wildwavebrew.com
🅵 🅸 wildwave.brew
브루어리 투어 ☑ 펍·탭룸 ☑

## 야생 효모로 만드는 사우어 비어

한국의 최고 수제 맥주는 무엇일까? 2016년 미국의 맥주 평가 사이트 레이트비어는 한국의 최고 맥주로 '설레임'을 선정했다. 이 맥주를 만든 사람은 놀랍게도 집시 브루어양조장을 빌려 자체 개발한 레시피로 맥주를 만드는 사람들이다. 이들은 홈 브루잉으로 자신감을 얻은 뒤, 남의 브루어리를 대여하여 '설레임'을 만들어 이태원 등지에 납품해 왔다. 이때부터 맥주 덕후맥덕와 외국인들 사이엔 입소문이 나 있었다. 그리고 마침내 한국 최고의 맥주라는 영광을 안았다. 레이트비어는 '설레임'을 맥아와 어우러진 시트러스 향이 상쾌하고 멋진 맛을 낸다고 평가했다. 와일드 웨이브 브루잉의 대표 이창민 씨도 집시 브루어 가운데 한 명이었다. 그는 '설레임'을 만든 이들과 함께 2017년 7월 부산 송정에 브루펍을 오픈하였다. 집시 브루어로 활동할 때부터 맥덕들 사이에서는 실력을 인정받던 사람들이 뜻을 모은 것이다. 와일드 웨이브 브루잉은 문을 열자마자 한국 최고의 맥주를 맛볼 수 있는 브루펍으로 유명세를 타기 시작했다.

와일드 웨이브는 사우어 와일드 비어Sour Wild Beer, 야생 효모를 사용하여 신맛이 강한 맥주 전문 브루펍이다. 시그니처 맥주 설레임Surleim, 알코올 5.3%, IBU 20은 새콤한 레몬에이드와 향긋한 홉 향이 잘 어우러진 맥주다. 이름만 들어도 가슴이 설레는 이 맥주는 설레임, 설레임+, 작은 설레임, 설레임 와일드 등 네 가지 라인업을 갖추고 있다. 라인업이 다양해 취향대로 고르기 좋다. 설레임은 2017년에도 국내에서 가장 맛있는 맥주 1위맥주 전문 잡지 〈비어포스트〉 설문 조사로 선정되는 쾌거를 이루

⊕ TIP

**사우어 비어**Sour Beer 신맛이 나는 맥주를 통칭하는 말이다. 물, 맥아, 홉, 효모 외에 젖산균을 첨가해서 양조한다. 신맛이 강하기 때문에 호불호가 갈린다. 독일의 고제와 베를리너 바이쎄가 대표적인 사우어 비어이다.

**팜 하우스 에일**Farmhouse Ale 벨기에를 비롯한 유럽의 농장에서 작업자에게 점심에 주기 위해 만든 맥주. 세종Saison, 약한 산미와 과일 향이 나는 맥주 스타일 맥주로, 우리 식으로 표현하면 농번기에 먹던 막걸리, 일종의 농주이다.

었다. 인기에 힘입어 한정판으로 설레임 라이트Surleim Light, 알코올 4.2%도 나왔다.

## 독특한 맥주의 신세계를 경험하자

이곳에 사우어 비어만 있는 아니다. 서핑 하이알코올 4.7%, IBU 21는 쾰쉬독일 쾰른 지방
에서 제조되는 빛이 밝은 에일 맥주 스타일 맥주이다. 서핑의 메카 송정해수욕장에 와일
드 웨이브 브루잉을 오픈한 것을 기념하며 만들었다. 꿀을 넣어 양조하였고 가
볍고 상쾌한 맛이 난다. 무더운 여름에 제격이다. 보리수 세종은 보리수를 첨가
하여 만든 팜하우스 에일 맥주알코올 6.0%, IBU 29이다. 오팔 세종Opal Saison도 팜하우
스 에일이다. 상큼한 청귤과 브렛 효모야생 효모의 일종으로 강하고 독특한 향이 난다.로 2차
발효한 맥주이다.

역시 브렛 효모로 발효하여 만든 올브렛 IPAAll-Brett IPA와 브렛라이 IPABrett-Rye
IPA는 오크통에 숙성한 사워 에일로 마니아층이 두텁다. 향이 매우 독특한 게 특
징이며, 맥주의 신세계를 보여준다. 뉴질랜드 홉 모투에카를 사용한 모투에카
페일 에일알코올 5.7%, 버번 위스키 배럴에서 장기간 숙성한 스타우트와 블랜딩
하여 탄생시킨 버닝업Burning Up, 알코올 9.0% 등 특별한 맥주도 메뉴에서 고를 수
있다. 특별한 맥주의 신세계를 경험하고 싶다면, 답은 언제나 와일드 웨이브 브
루잉이다.

### 🍺 지은이의 두 줄 코멘트

**오윤희** 설레임 라이트를 추천한다. 설레임 라인업 중 가장 가벼운 저알콜 맥주다. 몰트와 홉의
밸런스가 돋보인다. 대중적인 사우어 맥주이어서 한 잔이 두 잔, 세 잔이 될 수 있음을 미리 기
억해두자.

**엄관연** 서핑 하이가 오래 기억에 남는다. 무더위와 뜨겁게 내리쬐는 태양을 뚫고 도착한 나에
게 서핑 하이는 단비 같은 맥주였다.

# 고릴라 브루잉 컴퍼니
## GORILLA BREWING COMPANY

**영국인들이 만드는 수제 맥주, 독특한 이벤트가 다양하다**

고릴라 브루잉은 2016년 2월에 광안리에 문을 열었다. 1층은 브루어리, 2층은 스튜디오,
3층 루프 탑이다. 특이하게도 브루펍을 운영하는 사람은 모두 영국에서 오랫동안 맥주
양조를 해온 전문가들이다. 덕분에 영국의 크래프트 맥주 문화를 접할 수 있어서 좋다.

📍 부산광역시 수영구 광남로 125(광안동)

📞 051-714-6258

🕐 월~금요일 17:00~24:00 토~일요일 14:00~01:00

☰ https://gorillabrewingcompany.com/

f gorillabrewingcompany ⊙ gorilla_brewing

브루어리 투어 ☐ 펍·탭룸 ☑

## 맥주는 본 메뉴 밴드 공연은 사이드 메뉴

고릴라 브루잉은 브루어리의 색다른 모습을 발견할 수 있는 곳이다. 1층은 브루어리, 2층은 스튜디오, 3층 루프 탑이다. 특이한 것은 비어 요가, 라이브 공연, 로컬 마켓, 국내외 브루어리 콜라보레이션 행사 등 독특한 파티·이벤트·문화 활동을 경험할 수 있다는 점이다. 인디 밴드의 공연은 주말에 열린다. 비어 요가는 격주로 토요일 정오 2층 스튜디오에서 진행된다. 가벼운 마음과 간편한 운동복만 있으면 누구든 참여할 수 있다. 맥주와 운동, 둘 사이에서 고민하는 사람이라면, 고릴라 브루잉 컴퍼니가 해답이다.

특이한 점은 또 있다. 2016년 2월에 문을 열었는데, 브루잉 컴퍼니를 운영하는 사람들이 우리나라 사람이 아니라 모두 영국인이다. 영국에서 오랫동안 맥주 양조를 해온 전문가들이다. 덕분에 부산 광안리에 가면 영국의 크래프트 맥주 문화를 접할 수 있다.

입구 벽에 그려 넣은 커다란 고릴라 그림이 시선을 압도한다. 낯선 이방인은 왜 브루어리 이름에 '고릴라'라는 동물을 사용했을까? 특별한 이유가 있는 것은 아니다. 고릴라는 한글 발음과 영어 발음이 같기 때문이다. 언제 어디서든 쉽게 불리고 기억에 남는 브루어리가 되고 싶어, 한글로도 영어로도 변함없이 '고릴라'라 불리는 동물 이름을 가져다 붙였다.

## 썸남썸녀라면 체리 사우어를 시키자

고릴라 브루잉 컴퍼니에서는 부산 페일 에일Busan Pale Ale, 알코올 4.5%부터 시작하는 게 좋겠다. 부산이라는 아름다운 해변 도시와 잘 어울린다. 맛이 상쾌하고 알코올 도수가 낮은 편이라 누구나 가볍게 마시기 좋다. 고릴라 스타우트알코올 6.3%도 좋은 맥주다. 진하게 로스팅한 커피와 초콜릿 풍미가 입 안 가득 느껴진다. 첫 데이트를 즐기려는 썸남썸녀에겐 체리가 들어간 사워 맥주 체리 사우어

Cherry Sour, 알코올 3.8%를 추천한다. 새콤하고 달짝지근할 맛이 '썸' 분위기와 잘 어울린다. 서로를 가깝게 만들어주는 기분 좋은 맛으로, 오늘부터 '1일'을 기념하게 될지도 모른다.

이밖에도 맛있는 맥주가 많다. 일상탈출 IPAEscape IPA, 알콜 5.8%, 고릴라 블론드 에일알코올 5.2%, 고릴라 페일 에일알코올 4.5%, 고릴라 IPA알코올 5.4%, 다크 너트 브라운 알코올 5.3%, 라즈베리 위트Raspberry Wheat, 알코올 6.3%, 영국 마일드 에일English Mild Ale, 알코올 4.2%, 알코올 함량이 강력한 킹콩 스타우트인 임페리얼 스타우트알코올 11.0% 등 라인업이 다양하다. 2018 평창동계올림픽을 기념하여 주한 영국 대사와 만든 평창 화이트 IPAOlympic White IPA, 알코올 6.0%까지 있으니 뭘 마실지 즐거운 고민만 하면 된다. 캔맥주로 테이크아웃도 가능하다.

광안리에서 특별한 체험 거리와 마실거리를 더불어 찾고 싶다면, 고릴라 브루잉 컴퍼니를 기억하자. 틀림없이 유쾌함을 더해주는 특별한 놀이터가 될 것이다.

### 🗨 지은이의 두 줄 코멘트

**오윤희** 일상탈출 IPA를 추천한다. 고릴라 브루잉과 비어 펍 '생활맥주' 전국 지점에서 맛볼 수 있는 특별 양조 맥주다. 다람쥐 쳇바퀴 도는 일상에서 탈출하고 싶다면, 고릴라가 건네는 일상탈출 한잔 어떠신지? 향긋함과 쌉쌀함, 과즙을 머금은 듯한 상큼함이 일상을 잊게 해준다.

**원관연** 단순히 수제 맥주를 마시고 싶다면 굳이 고릴라 브루잉이 아니어도 된다. 하지만 영국 스타일 수제 맥주도 마시고, 여기에 문화 체험도 하고 싶다면 이만한 공간도 없다.

# 갈매기 브루잉 컴퍼니
## GALMEGI BREWING COMPANY

### 마침내! 부산국제영화제 공식 맥주가 되기까지

갈매기 브루잉 컴퍼니가 광안리에 문을 연 것은 2014년 5월이다. 취미 삼아 홈 브루잉을 하던 이들이 힘을 모아 미국식 브루어리를 오픈했다. 경성대, 남포동, 서면, 부산대, 해운대에도 따로 탭룸을 운영할 만큼 부산의 핫 플레이스로 떠오르고 있다.

📍 부산광역시 수영구 광남로 58, 613-813(남천동)
📞 051-611-9658
🕐 월~목 18:00~24:00 금·토 18:00~01:00 일요일 18:00~24:00
☰ www.galmegibrewing.com/
ⓕ galmegi.brewery ⓘ galmegibrewing
브루어리 투어 ☑ 펍·탭룸 ☑ 굿즈숍 ☑

## 2018 대한민국주류대상을 수상한 유자 고제

갈매기는 부산의 시조市鳥이다. 프로야구 롯데 자이언츠 팬들은 '부산 갈매기'를 부르며 선수들을 응원한다. 부산과 갈매기는 이렇듯 떼려야 뗄 수 없는 운명과 같은 관계다. 수제 맥주 양조장이 '갈매기'라는 이름을 달고 부산에 등장한 것은 그러므로, 어쩌면 당연한 일이다. 갈매기 브루잉 컴퍼니가 광안리에 문을 연 것은 2014년 5월이다. 취미 삼아 홈 브루잉을 하던 이들이 한편으로는 전문성을 높이고 또 한편으로는 맛있는 맥주를 더불어 즐기기 위해 미국식 브루어리를 오픈했다. 지금은 경성대, 남포, 서면, 부산대, 해운대에도 탭룸을 운영하고 있을 만큼 부산의 핫 플레이스로 떠오르고 있다.

갈매기 브루잉에서 양조하는 맥주 종류는 열 개 안팎이다. 갈매기 IPA, 부산 바다 레드 데빌 라이피에이Red Devil RyePA, 서울리스 진저Seouless Ginger, 문라이즈 페일 에일, 에스프레소 바닐라 스타우트, 캠프파이어 앰버Campfire Amber, 라이트하우스 블론드, 유자 고제Yuja Gose 등이 그들이다. 유자 고제는 2018 대한민국주류대상 에일 부문에서 대상을 받았다.

## 부산국제영화제 공식 맥주

갈매기 IPA알코올 6.5%, IBU 60는 이 브루어리의 스테디셀러다. 다른 브루어리의 IPA보다 더 대담하게 양조되었다. 마시는 순간부터 아로마 향이 코 끝을 자극하며 강렬하게 다가온다. 독자에게 추천하고 싶은 제품은 밀 맥주 부산 바다알코올 4.7%, IBU 21이다. 과일의 풍미와 청량함이 입안에 퍼져 여름날 무더위를 식히기에 제격이다. 감칠맛 나는 이 맥주를 마시고 나면 '부산 바다를 마셨다'라는 문학적인 제목으로 SNS에 글을 올리고 싶어진다.

갈매기 브루잉 컴퍼니는 문의 요청 시 브루어리 투어를 진행하고 있다. 매주 토요일에는 '그리고, 마시고, 즐기는 색다른 경험'이라는 주제로 페인트 투나잇

Paint Tonight 이벤트를 15시 30분부터 2시간 동안 진행하고 있다. 페인트 투나잇은 맥주를 마시며 그림을 그리는 예술 클래스이다. 참가 신청은 SNShttp://paintonight. com를 통해 할 수 있다. 갈매기브루잉은 2016년부터 부산국제영화제의 공식 맥주로 참여하고 있다. 광안리의 브루펍과 여러 탭룸 외에 힐튼호텔 부산에서도 갈매기 브루잉의 맥주를 마실 수 있다. 2019년 3월 31일까지 에어부산 비행기 티켓 소지 시 15% 할인 이벤트도 진행 중이다. 티켓을 발행한 날부터 30일 이내까지만 유효하다. 예술 같은 맥주를 원한다면 부산으로 떠나자. 어느 맥주를 마시든 이윽고 당신의 영혼은 마치 갈매기처럼 한껏 날아오를 것이다.

### 지은이의 두 줄 코멘트

**오윤희** 문라이즈 페일 에일이 좋다. 쓴맛과 단맛의 균형감이 입을 즐겁게 해준다. 노란 달맞이꽃이 연상되는 맥주다. 부산에 달이 차오르듯 당신의 기분도 보름달처럼 차오른다.

**원관연** 유자 고제를 마셔보자. 유자 향과 고제 특유의 시큼함, 천일염의 짠맛이 제법 균현감을 이루고 있다. 사워 맥주 입문용으로 안성맞춤이다.

### 갈매기 브루잉 탭룸

해운대점 **주소** 부산광역시 해운대구 해운대해변로265번길 9, 2층 **전화** 051 622 8990
**영업시간** 월~목 18:00~01:00, 금 18:00~03:00, 토 13:00~03:00, 일 13:00~01:00
서면점 **주소** 부산광역시 부산진구 동천로95번길 6 **전화** 010 6370 1003
**영업시간** 일~목 18:00~02:00, 금·토 18:00~03:00
남포점 **주소** 부산광역시 중구 광복로 21-3, 2층 **전화** 051 246 1871
**영업시간** 주중 17:00~02:00, 주말 14:00~02:00
부산대점 **주소** 부산광역시 금정구 부산대학로 58, 3층 **전화** 070 8833 2573
**영업시간** 주중 18:00~24:00, 토요일 18:00~01:00, 일요일 18:00~23:00
경성대점 **주소** 부산광역시 남구 수영로334번길 13, 2층 **전화** 051 926 4324
**영업시간** 매일 16:00~02:00

# 어드밴스드 브루잉
## ADVANCED BREWING

**맥주 비교 사이트가 인정한 명품 크래프트 비어**

2003년, 어드밴스드 브루잉은 맥주의 여신 닌카시에게 바쳐도 될 만큼 수준 높은 맥주를 만들겠다는 꿈을 안고 부산시 기장에 문을 열었다 미국의 맥주 비교 사이트 레이트비어는 '한국 맥주 베스트 10'에 어드밴스드 브루잉의 맥주를 6위로 선정했다.

📍 부산광역시 기장군 기장읍 동서길 84-2
📞 051 724 5049
🕐 월~금요일 09:00~18:00
☰ www.advancedbrewing.co.kr
🅵 🅸 advancedbrewing
브루어리 투어 ☐ 펍·탭룸 ☑

## 맥주의 여신 닌카시에게 바치다

맥주는 기원 전 메소포타미아 시대에도 존재했다. 수메르 문명 시대에 제작된 진흙판에는 최초의 맥주 제조법으로 추정되는 기록이 남아 있다. 맥주의 여신 〈닌카시에게 바치는 노래〉Hymn to Ninkasi가 그 내용이다.

> 닌카시, 커다란 주걱으로 반죽을 젓는 자여 / 구덩이에 바피르bappir, 맥주를 양
> 조할 때 사용하는 보리 빵를 넣고 / 대추야자 꿀을 넣고 섞는구나 / (중간 생략) 닌
> 카시여, 그대는 여과한 맥주를 채집통에서 부어내네. / 티그리스와 유프라테
> 스가 넘쳐흐르는 것과 같네.
> -〈닌카시에게 바치는 노래〉 중에서

2003년, 어드밴스드 브루잉은 닌카시에게 바쳐도 될 만큼 수준 높은 맥주를 만들 겠다는 꿈을 안고 부산 기장에 문을 열었다 어드밴스드의 옛 이름은 아키투Akitu였 다. 아키투는 수메르 시대 맥주의 원료 보리를 수확할 때 벌이는 축제 이름이었다. 부산은 맥주의 도시다. 미국 맥주 비교 사이트 레이트비어ratebeer는 매년 세계의 맥주를 평가하는데, 2016년에 발표한 '한국 맥주 베스트 10'에 부산에서 양조한 맥주가 무려 네 개나 순위 안에 들었다. 어드밴스드 브루잉은 2016년 순위는 6 위였으며, 2017년엔 10위를 차지 했다.

## 와인 같은 사워 비어에 도전해보자

어드밴스드 브루잉의 대표 맥주는 도깨비Dokkaebi, 알코올 7.0%, IBU 12이다. 우리나 라 최초로 메주의 토종 유산균과 미생물을 이용해 에일 스타일로 만든 사워 맥 주Sour Ale, 사워 맥주란 맛이 시큼한 크래프트 맥주를 통칭하는 말이다. 자연 상태에서 발효시키기 때문에 숙 성 기간이 길다.이다. 도깨비는 사워 에일과 배럴 도깨비 사워Barrel Dokkaebi Sour 두 종

류가 있다. 사워 에일은 가볍고 새콤하다. 1년 동안 버번 위스키 배럴에서 숙성시켜 만든 배럴 도깨비 사워알코올 8.5%, IBU 11는 조금 더 맛이 복잡하다. 유산균의 젖산 발효로 와인처럼 신맛이 난다.

카멜리아 IPACamellia IPA, 알코올 7.0%, IBU 13는 '동백'에서 이름을 따왔다. 부산 달맞이 고개에서 영감을 받아 만든 달맞이™Dalmaji™, 알코올 5.5%, IBU 8, 부산 포터BUSAN PORTER-English Porter, 알코올 4.5%, IBU 24, 남해 유자가 들어가 과일 향이 감도는 민들레도 있다. 어드밴스드 페일 에일알코올 5.0%, IBU 28은 자몽, 멜론, 라임, 패션프룻 열대과일 풍미가 난다. 가볍고 드라이한 페일 에일로 첫 잔으로 마시기 좋다. 브루어리 투어 프로그램은 따로 없지만, 부산 남포동에 아키투 탭하우스를 운영하고 있다. 국제 시장과 자갈치 시장이 코앞이라 해운대, 광안리와 또 다른 분위기를 느끼며 맥주를 마실 수 있다. 홍대 앞 수제 맥주 펍 크래프트 발리Craft Barley에서도 어드밴스드 브루잉의 맥주를 마실 수 있다.

### 🗨 지은이의 두 줄 코멘트

**오윤희** 카멜리아 IPA를 추천한다. 동백꽃잎처럼 검붉은 색이 돋보이는 IPA로 마시는 순간 탄산이 입 안에 퍼진다. 산뜻한 과일 향과 깔끔한 홉 향이 어우러진 맥주이다. 알코올 함량이 7도여서 한 잔으로도 홍조를 띤 동백 아가씨로 다시 태어날 수 있다.

**원관연** 과일이 들어간 맥주는 일단 부담없이 마실 수 있다. 과일 향의 청량함을 느끼고 싶다면 남해 유자가 들어간 민들레를 추천한다.

**어드밴스드 맥주를 마실 수 있는 곳**
아키투 탭하우스 **주소** 부산광역시 중구 남포길 31(남포동 2가) **전화** 051 242 5049
**영업시간** 월~목 18:00~24:00 금토 18:00~01:00 일 18:00~24:00
SNS 페이스북 akitubrewingtaproom 인스타그램 akitu_tap_house
크래프트 발리 **주소** 서울시 마포구 잔다리로 19(홍대 앞) **전화** 02 338 4053
**영업시간** 평일 18:00~01:00 주말 17:00~02:00 일요일 17:00~24:00 **인스타그램** craftbarley_pub

# 경상도·울산
## GYEONGSANGDO·ULSAN

가나다라 브루어리_문경
안동맥주_안동
화수 브루어리_울산
트레비어_울산

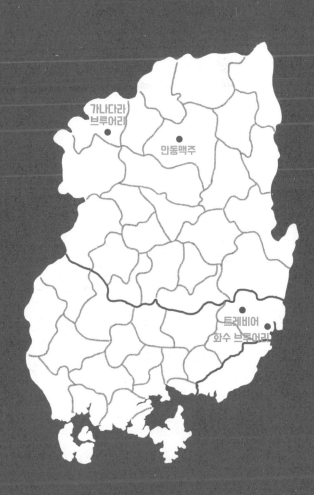

# 가나다라 브루어리
## GANADARA BREWERY

### 크래프트 비어, 한옥에 깃들다

문경새재와 고모산성, 진남교반을 지나 아래로 5~6분 더 달리면 한옥으로 지은 가나다라 브루어리가 나온다. 맥주는 2층 탭룸에서 즐길 수 있다. 또 합정역 근처에 있는 수제 맥주 펍 세븐크래프트에서도 가나다라 브루어리 맥주 4종을 마실 수 있다.

📍 경상북도 문경시 문경대로 625-1(유곡동)

📞 070-7799-2428

🕐 매일 10:00~19:00

≡ www.ganadara.co.kr

🅕 가나다라브루어리 📷 gndrbrew

브루어리 투어 ☑ 펍·탭룸 ☑

## 가장 한국적이고 가장 기본에 충실한 맥주

경상북도 문경에는 새도 쉬었다 넘는다는 조령, 새재가 있다. 영남과 기호지방 서울, 경기도, 충청도의 옛 표현을 잇는 고갯길이자 한양과 동래를 잇던 옛길이다. 새재에서 문경 쪽으로 조금 더 가면 고모산성과 진남교반이 나오고 여기서 자동차로 5~6분 더 달리면 가나다라 브루어리가 나온다. 2010년, 문경 오미자를 활용하여 맥주를 양조하던 산동네영농법인의 김억종·김만종 형제와 배주광 대표가 의기투합하여 가나다라 브루어리를 탄생시켰다.

문경대로변 1300평 대지에 들어선 브루어리는 대들보부터 칠량 도리지붕을 받치기 위해 기둥 위에 가로로 걸치는 일곱 개 목재까지 커다란 한옥 궁궐을 연상케 한다. 문경새재를 배경 삼은 모습이 마치 박물관이나 궁궐에서 본 일월오봉도를 실제로 마주친 느낌이 든다. 한옥에, 한글 사랑이 묻어나는 이름을 가진 브루어리. 가장 한국적이고 가장 기본에 충실한, 한국 대표 브루어리가 되고자 하는 바람을 건물과 이름에 담았다.

## 점촌 IPA부터 오미자 에일까지

가나다라 브루어리에서 맛볼 수 있는 맥주는 모두 다섯 가지이다. 문경의 지명에서 따온 점촌 IPA알코올 5.9%, IBU 55는 진득함을 담았다. 홉의 향이 입과 코끝에 오래도록 남아 마시는 기분이 좋다. 홉과 몰트의 균형감이 좋은 문경새재 페일에일알코올 4.8%, IBU 35은 초보자도 마시기 좋다. 밀 맥주의 정석을 담아낸 주흘 바이젠Juheul Weizen, 알코올 4.7%, IBU 17은 문경의 진산 주흘산에서 상품명을 따왔다. '우두머리처럼 의연한 산'이란 이름처럼 맛도 군더더기 없이 의연하다. 문경 밤하늘의 은하수를 떠올리며 만들었다는 은하수 스타우트Eunhasu Stout, 알코올 5.6%, IBU 26는 깔끔하면서도 청량한 피니시가 인상적이다.

문경 특산물 오미자를 활용한 오미자 에일Omija Ale, 알코올 4.5%, IBU 19도 눈여겨볼

만하다. 오미자는 가나다라 브루어리와 인연이 깊다. 문경의 특산물이라는 점에서도 그렇지만, 무엇보다 공동 창업자 김억종·김만종 형제는 브루어리 출범 전부터 영농법인에서 오미자 맥주를 양조한 경험이 있었다. 맥주 양조에는 3년간 숙성한 오미자 즙을 사용한다. 오미자 에일을 마시는 순간, 입안에서 맛의 향연이 펼쳐진다. 오미자 특유의 다섯 가지 맛, 즉 단맛·쓴맛·신맛·매운맛·짠맛을 동시에 느낄 수 있는 까닭이다.

가나다라 브루어리의 모든 맥주는 2층 탭룸에서 즐길 수 있다. 캔으로 포장도 가능하다. 또 합정역 근처에 있는 수제 맥주 펍 세븐크래프트에서 점촌 IPA, 문경새재 페일에일, 은하수 스타우트, 주흘 바이젠 등 가나다라 브루어리의 맥주 4종을 마실 수 있다.

맛있는 수제 맥주와 한국 사랑이 가득한 가나다라 브루어리. 옛 이야기 지즐대는 옛길도 걷고, 한옥 탭룸에서 맥주를 마시는 여유까지 누리고 싶다면, 답은 문경이다. 이번 주말엔 문경으로 맥주 여행을 떠나자.

### 🍺 지은이의 두 줄 코멘트

**오윤희** 오미자 에일이 특히 인상적이다. 오미자를 넣어 만든 맥주라는 사실만으로도 신기하지만, 붉은 색 맥주에 또 한 번 신기함을 느끼게 될 것이다. 마치 붉게 물든 가을을 마시는 느낌이랄까? 다섯 가지 오묘한 맛을 한 번에 느낄 수 있어서 더욱 좋다.

**원관연** 은하수 스타우트. 한옥의 정취를 느끼면서 은하수의 감성을 담은 맥주를 음미한다면, 이보다 더 즐거운 풍류가 또 있을까?

---

**가나다라 맥주를 마실 수 있는 펍, 세븐크래프트**
**주소** 서울시 마포구 독막로5길 33(서교동)
**전화** 02-333-8177
**영업시간** 일요일 17:00~24:00, 주말 17:00~02:00, 평일 17:00~01:00
**SNS** sevencraft_official (인스타그램)

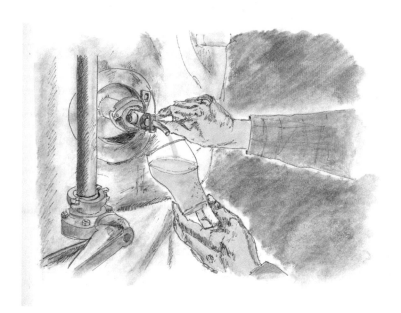

# 안동맥주
## ANDONG BREWING COMPANY

### '문화 유산' 같은 맥주를 만들고 싶다

안동시에 안동소주의 전통을 맥주로 이어가겠다는 브루어리가 등장했다. 안동의 첫 번째 수제 맥주 양조장 안동 브루잉 컴퍼니이다. 안동 브루잉은 세계문화유산 도시의 자부심과 소주를 빚어온 장인 정신을 이어받아 '문화 유산 같은 맥주'를 만들기를 꿈꾼다.

📍 경상북도 안동시 강남1길 49(정하동)
📞 010-9956-9602
🕐 토요일 13:00~18:00 (맥주 포장 판매)
📘📷 andongbrewing
브루어리 투어 ☑ 펍·탭룸 ☐

## 맥주에 문화와 장인정신을 담는다

안동은 술의 도시다. 우리가 익히 알고 있는 안동소주경상북도 무형문화재 제12호는 고려 때부터 내려오는 전통 깊은 술이다. 청주를 증류하여 만든 술로 원래는 알코올 도수가 45도였었으나 지금은 대중화를 위해 35도, 25도, 19도짜리 소주도 만들고 있다. 옛 기록에 따르면 안동소주는 배앓이와 소화불량, 벌레 물린 곳이나 상처에 바르는 구급방 기능도 하였다. 약식동원. 약과 음식은 본래 뿌리가 같다는 우리의 전통 인식이 잘 드러난 예가 아닐까 싶다.

2017년 안동소주의 전통을 맥주로 이어가겠다는 브루어리가 등장했다. 안동 최초의 수제 맥주 양조장 안동 브루잉 컴퍼니이다. 안동 브루잉은 단순히 안동의 대표 맥주를 꿈꾸지 않는다. 봉정사 극락전과 대웅전, 하회민속마을, 도산서원, 하회탈놀이, 임청각……. 안동은 도시 전체가 지붕 없는 박물관이라 해도 지나치니 않다. 안동 브루잉 컴퍼니는 유네스코가 인정한 세계문화유산 도시의 자부심과 천년 가까이 소주를 빚어온 장인정신을 이어받아 '문화 유산 같은 맥주' 만들기를 꿈꾼다.

## 홈브루잉 강좌로 고객과 소통하다

만리재 페일에일, 홉스터 IPA, 안동 라거, 일품 바이젠. 안동 브루잉에서 생산하는 맥주는 네 가지이다. 만리재 페일 에일알코올 4.7%은 서울 만리재 고개에서 이름을 따 왔다. 아메리칸 페일 에일로, 감귤과 자몽 향이 살아있는 상큼한 맥주이다. 끝 맛이 깔끔하여 누구나 즐기기 좋다. 홉스터 IPA알코올 6.9%는 홉의 향연이 펼쳐지는 아메리칸 IPA 스타일이다. 몰트의 묵직한 단맛과 가볍고 산뜻한 홉이 조화를 이루고 있다. 안동 라거알코올 5.1%는 가볍게 마실 수 있는 맥주다. 원료의 특징, 곧 맥아의 구수함과 홉의 상쾌함을 잘 구현해 냈다. 일품 바이젠알코올 4.9%은 밀 맥아의 고소함이 인상적으로 다가온다. 바디감이 중후하지만 부담스럽지 않아 누구나 마시기 좋다.

안동맥주는 이스트 랩Yeast Lab을 따로 운영하고 있다. 명품 맥주를 만들기 위해서는 다양한 효모를 배양해야 한다고 믿는 까닭이다. 브루어리를 찾는 고객들에게 홈브루잉 강좌를 진행하고 있으며, 홈브루어들과도 함께 만든 맥주를 나누는 이벤트도 종종 열고 있다. 매주 토요일 오후에 브루어리를 오픈하고 있으며, 이때는 테이크아웃도 가능하다.

안동맥주는 만리동의 수제 맥주 펍 MANRI199 Taproom에서도 마실 수 있다. 홉스터 IPA 탭을 갖추고 있는데, 서울역과 '서울로 7017'에서 가깝다.

## ◉ 지은이의 두 줄 코멘트

**오윤희** 안동 라거. 안동소주가 대한민국 대표 전통주가 된 것처럼, 대한민국 명품 맥주로 거듭날 바람을 가득 담았다.

**원관연** 안동에서 소주 말고 맥주를 마시고 싶다면 안동 브루잉으로 가야한다. 일품 바이젠은 밀맥아의 고소한 맛이 입안 가득 퍼지는 맥주이다.

**안동맥주를 마실 수 있는 펍 MANRI199 Taproom**
주소 서울시 중구 만리재로 199(만리동) 전화 02-363-0199
시간 평일 17:00~24:00, 주말 13:00~24:00
인스타그램 mari199_taptroom (인스타그램)

# 화수 브루어리
## WHASOO BREWERY

---

### 장인정신으로 만든 맥주

화수 브루어리는 SNS에서 유명한 브루어리이다. 이렇게 되기까지는 이화수 대표가 직접 개조하여 만든 트레일러 공이 컸다. 국내 최초로 생맥주 전용 트레일러를 만들어 전국을 달린다. 매력적이고 낭만적인 맥주 트레일러 덕에 더 호감이 간다.

📍 울산광역시 남구 신복로22번길 28(무거동)
📞 052-247-8778
🕐 월~토요일 17:00~00:00 (일요일 휴무)
≡ whasoobrewery.modoo.at
f whasoobrewery ⓘ whasoo_brewery
브루어리 투어 ☐ 펍·탭룸 ☑

## 생맥주 전용 트레일러를 아시나요?

샤넬, 에르메스, 루이비통, 프라다, 구찌. 이들 명품 브랜드는 한 가지 공통점이 있다. 설립자 이름이 곧 회사 이름이라는 것이다. 이들 브랜드의 출발은 상품에 숨결을 불어넣는 장인정신에서 비롯된 셈이다. 명품을 만든 그들처럼, 화수 브루어리도 대표가 자신의 이름을 내걸고 브루어리를 운영하고 있다. 2003년 울산 무거동에서 바이젠 브로이 하우스라는 이름으로 시작했다가, 2005년 화수 브루어리로 이름을 바꾸었다.

이화수 대표는 15년 넘게 맥주를 만들고 있다. 그가 처음으로 수제 맥주 사업에 뛰어들었을 때만 해도 우리나라엔 수제 맥주에 대한 인식이 별로 없었다. 몇 차례 위기가 찾아왔지만 포기하지 않았다. 문을 닫을 뻔한 위기를 넘기면서 그는 오히려 단단해졌다. 맥주를 사랑하는 이들은 누구나 그를 맥주 장인으로 인정해준다. 이제 화수 브루어리는 SNS에서 유명한 브루어리이다. 이렇게 되기까지 그가 직접 개조하여 만든 트레일러 공이 컸다. 국내 최초로 생맥주 전용 트레일러를 만들어 전국 어디든 달려가며, 오직 맛으로만 승부하고 있다. 트레일러를 보면 매력적이고 낭만이 느껴져 더 호감이 간다.

## 바닐라 스타우트, 2015 대한민국주류대상 대상 수상

2003년부터 양조한 알트 비어Altbier, 알코올 5.0%, IBU 28와 쾰쉬 비어Kölsch Beer, 알코올 5.0%, IBU 19는 이 대표의 노하우가 쌓인 스테디셀러이다. 알트 비어는 독일 뒤셀도르프 지방의 맥주로, 색은 짙은 갈색이고 맛은 묵직하고 몰티Malty, 맥아를 함유한하다. 쾰쉬 비어는 독일 쾰른 지방의 맥주로, 화수 브루어리의 쾰쉬는 에일과 라거의 장점을 조화롭게 살려내 특별하다. 견과류와 캐러멜 몰트 풍미를 좋아한다면 알트 비어를, 과일 향과 깔끔한 맛을 좋아한다면 쾰쉬 비어를 추천한다. 바닐라 스타우트Vanilla Stout, 알코올 7.5%, IBU 56 역시 베스트셀러이다. 화수 브루어리의 시그니처 맥주로 2015 대한민국주류대상 크래프트 비어 에일·스타우트·포터 부문에서 대상을 수상했다. 정통 러시아 스타우트에 바닐라, 커피, 다크 초콜릿 풍미를 담고 있다. 요즘 '핫'하다는 질소 커피 '니트로 커피'Nitro Coffee와 비슷하여 이색적이다. 한 모금 마시고 나면 크리미한 스타우트가 입 안을 가득 채우고 있는 느낌이 든다.

밀 맥주인 아로니아 바이젠Aronia Weizen, 알코올 5.0%, IBU 12은 항산화 작용으로 유명한 아로니아를 첨가한 맥주이다. 2018 대한민국주류대상 크래프트 에일 부문 대상을 받았다. 유자 에일Yuza Ale, 알코올 5.0%, IBU 30은 고흥에서 생산한 유자를 넣어 만든 맥주로 화수 브루어리에서만 맛볼 수 있다. 옐로우 아이피에이Yellow IPA, 알코올 5.0%, IBU 43, 레드아이 아이피에이Red Eye IPA, 알코올 6.3%, IBU 63도 있다.

화수 브루어리는 양조장과 펍을 함께 운영하고 있다. 유쾌, 상쾌, 통쾌한 맥주 장인 화수 씨를 만나는 것도 즐거운 일이다. 브루펍에서 캔 포장 판매도 한다. 울산까지 가기 번거롭다면 쥬크비어를 기억하자. 당산역 부근 수제 맥주 펍으로 화수 브루어리의 퀼쉬, 옐로우 IPA, 바닐라 스타우트 등을 즐길 수 있다. 화수 브루어리는 지금도 여행을 다니 듯 트레일러에 맥주를 싣고 전국을 누빈다. 길가다 트레일러를 보게 되면 반갑게 손짓을 해주자.

### 🗨 지은이의 두 줄 코멘트

**오윤희** 유자 페일 에일을 추천한다. 봄을 맥주로 표현하면 이 맛이 아닐까? 고흥 유자를 넣어 가볍고 산뜻하다. 입안에 봄이 가득해 마시는 내내 즐겁다.

**원관연** 바닐라 스타우트. 스타우트 계열 맥주를 싫어하는 사람에게 권하고 싶다. 스타우트 특유의 텁텁한 바디감을 느낄 수 없다. 부드럽고 달콤하고 크리미한 스타우트의 세계로 당신을 초대한다.

화수 브루어리 맥주를 마실 수 있는 쥬크비어
**주소** 서울시 영등포구 양평로 67 B1 101호(당산동) **전화** 02 2678 8890
**시간** 매일 17:00~02:00 **SNS** jukebeer(인스타그램, 페이스북)

# 트레비어
## TREVIER

**좋은 맥주를 위해 최고 재료를 고집한다**
2003년, 정재환 대표는 로마의 트레비 분수처럼 다시 찾고 싶은 울산의 명소로 만들겠다는 포부를 가지고 브루어리를 설립했다. 적색 벽돌로 지은 양조장은 흡사 유럽에서 만난 브루어리처럼 이국적이다. 브루어리 바로 옆에 펍을 운영하고 있다.

📍 울산광역시 울주군 언양읍 반구대로 1305-2
📞 052-225-1111
🕐 **월~토요일** 09:30~19:00 **일요일** 10:00~19:00
📘 trevierbrau 📷 trevier_brau
브루어리 투어 ☑ 펍·탭룸 ☑ 굿즈숍 ☑

## 트레비 분수 같은 울산의 맥주 명소

영화 〈로마의 휴일〉을 본 사람이라면 트레비 분수를 기억할 것이다. 몇 해 전, 많은 사람들이 그러하듯 나도 영화의 주인공처럼 분수를 등지고 서서 동전을 던졌다. 로마에 다시 올 수 있다는 그 전설을 믿고 싶었다. 나의 이탈리아 친구 사라는 이렇게 말했다. "Roma를 거꾸로 읽으면 'Amor'야. 'Amor'가 라틴어로 사랑이라는 걸 아니? 단순한 말장난이 아니야. 넌 이미 로마에 매료된 거야." 한국으로 돌아와서도 나는 종종 로마가 그리웠다. 맥주 여행을 다니다 트레비 분수가 떠오르는 곳을 알게 되었는데, 그곳이 울산의 브루어리 '트레비어'이다. 굴뚝이 높이 솟아 있는 도시로만 알고 있었는데, 트레비어 덕에 울산이 새롭게 다가왔다. 2003년, 트레비어의 정재환 대표는 트레비 분수처럼 또 다시 찾고 싶은 명소로 만들겠다는 포부를 가지고 브루어리를 설립했다.

적색 벽돌로 지은 양조장은 흡사 유럽에서 만난 브루어리처럼 이국적이다. 맥주 맛도 훌륭하다. 트레비어는 최고 맥주를 위해 최고의 재료를 고집한다. 독일의 대표적인 맥아 제조소 바이어만Weyermann의 맥아를 사용하고, 홉은 독일과 미국에서 직접 배송받아 사용한다. 효모 또한 맥주 효모 전문 연구소인 화이트 랩스White Labs의 것을 사용하고 있다. 고유의 효모종 발굴을 위해 자체 효모 배양에도 힘쓰고 있다. 브루어리 바로 옆에 펍이 있으며, 테이블은 10개 정도이다.

## 꽃 향기 나는 맥주

트레비어에서는 아홉 가지 맥주를 양조하고 있다. 종류가 많아 고민이라면 샘플러를 주문하는 게 좋다. 6가지의 맥주호피 라거, 페일 에일, IPA, 필스너, 바이젠, 둔켈로 구성되어 있다. 호피 라거Hoppy Lager, 알코올 5.0%, IBU 30는 '라거'에 드라이 홉핑을 더해 만들었다. 솔 향과 꽃 향을 마시는 순간 바로 느낄 수 있다. 여기에 시원한 맥주의 정석을 그대로 담고 있어서 여름에 마시기 더 좋다. 맥주 맛을 좀 아는 이에게는 세종Saison, 알코올 5.0%, IBU 5.4을 추천한다. 깔끔하면서 정통적인 세종 본연의 맛을 구현하였으며, 목넘김이 가볍고 새콤한 맛이 난다. 호피 라거와 세종은 2018 대한민국주류대상 수상작이다.

브루어리를 방문하면 탭룸에서 맥주를 마실 수 있으며, 맥주잔과 그라울러보냉병를 기념품으로 구입할 수 있다. 페트병에 테이크 아웃도 할 수 있다. 트레비어는 곧 2공장이 완성되면 투어 프로그램을 예약제로 운영할 계획이다. 현재 울산 유곡동에도 직영 탭룸인 로컬 크래프티를 운영하고 있다. 대구와 여수에도 펍이 있다. 맛있고 신선한 수제 맥주를 만나러 유럽까지 갈 필요가 있을까? 로마 트레비 말고 울산 트레비어로 맥주 여행을 떠나보자.

> 수제 맥주도 내가 즐겼던 음식 중 하나다. 맥아의 함량과 숙성 시간이 만들
> 어낸 맥주는 때로는 얌전한 처자 같고, 때로 조금은 까칠한 애인 같은 맛을
> 선사해주곤 했다. -정태규, <당신은 모를 것이다> 중에서

### 🗨 지은이의 두 줄 코멘트

**오윤희** 필스너를 추천한다. 일반적인 필스너보다 더 산뜻하고 쓴맛이 배제되어 가볍게 마시기도 좋다. 입문자도, 맥주 고수도 첫 잔으로 시작하기 좋다.

**원관연** 호피 라거를 추천한다. IPA같은 쓴맛이 싫다면 답은 호피 라거이다. 은은한 솔 향과 꽃향, 그리고 라거 특유의 깔끔한 맛을 가진 맥주이다.

**트레비어 탭룸과 펍**
로컬 크래프티 주소 울산광역시 중구 종가2길 1-2 102호(유곡동) **전화** 052-212-0770
**영업시간** 매일 13:00~00:00 **SNS** localcrafty(인스타그램)
트레비어 대구 서변점 주소 대구광역시 북구 서변로 55-1(서변동) **전화** 053-939-0812
**영업시간** 19:00~01:00
트레비어 여수점 주소 전남 여수시 여문문화길 22(문수동) **전화** 010-6231-3626
**영업시간** 매일 18:00~03:00

# 제주도
## JEJU ISLAND

제주맥주_한림읍
사우스바운더 브로잉 컴퍼니_중문
맥파이 브루어리_제주시
제주지앵_제주시
제스피_남원읍

# 제주맥주
## JEJU BEER

---

### 브루클린 브루어리의 노하우와 레시피를 그대로

제주 맥주는 세계적인 크래프트 브루어리인 브루클린 브루어리와 파트너십을 맺고 2017
년 8월 문을 열었다. 정기적으로 브루어리 투어를 진행한다. 탭룸, 전시 공간, 도서관, 기
념품 숍을 갖추고 있다. 단순한 양조장이 아니라 갤러리를 겸하는 복합 문화 공간 같다.

📍 제주시 한림읍 금능농공길 62-11
📞 064-798-9872
🕐 목~일 13:00~20:00
≡ https://jejubeer.co.kr
f 📷 jejubeerofficial
브루어리 투어 ☑  펍·탭룸 ☑  굿즈 숍 ☑

## 갤러리 같은 브루어리

제주맥주는 제주 서부 한림읍에 있다. 물이 맑고 푸르기로 유명한 협재해수욕장에서 차로 5분 거리이다. 세계적인 크래프트 브루어리인 브루클린 브루어리와 파트너십을 맺고 2017년 8월 문을 열었다. 브루클린 브루어리는 30년 양조 노하우를 보유한 뉴욕 No.1 브루어리로 미국 크래프트 맥주 시장의 선구자이다. 제주맥주는 이들의 노하우와 레시피를 바탕으로 15년 이상 경력을 가진 브루어가 맥주를 양조를 하고 있다. 조금 늦게 수제 맥주 시장에 뛰어들었지만 규모뿐만 아니라 브루어리 시설, 그리고 유명세는 국내의 어느 양조장에도 뒤지지 않는다. 제주맥주는 현재 크래프트 맥주를 연간 2천만 리터를 양조하고 있다. 시작은 좀 늦었지만 제주맥주의 꿈은 야무지다. 한국 크래프트 맥주의 선구자가 되는 것을 넘어 새로운 맥주 문화를 창조하겠다는 포부를 가지고 있다. 제주맥주는 고품격 브루어리의 면모를 보여준다. 단순한 양조장이 아니라 박물관이자 실험실이자 갤러리 같다. 맥주 상자와 파이프, 맥주병을 활용한 조형물이 인상적이다. 전시 공간, 도서관과 굿즈 기념품 숍도 갖추고 있다. 그밖에 투어 공간, 체험 공간, 테이스팅 랩 등이 있다. 한마디로 개성 넘치는 비어 스페이스라고 할 수 있다.

## 첫사랑처럼 강렬한 크래프트 맥주

제주맥주의 대표 맥주는 제주 위트 에일Jeju Wit Ale, 알코올 5.3%, IBU 16이다. 이 맥주는 맥주 업계 최초로 셰프들의 오스카상이라고 불리는 제임스 비어드James Beard

⊕ TIP

브루어리 투어 안내

전화 064 -798-9872 시간 13:00~19:00(목~일)
요금 12,000원(홈페이지에서 온라인으로 사전 결제, 생맥주 1잔과 몰트 스낵 3종 제공)

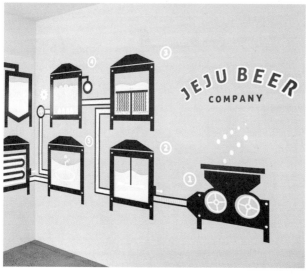

상을 수상한 세계적인 브루마스터 개릿 올리버Garrett Oliver의 작품이다. 제주의 물과 유기농 감귤 껍질을 사용하여 끝 맛에 은은한 감귤 향이 난다.

제주맥주에서는 브루클린 브루어리 맥주도 판매 중이다. 브루클린 하프 에일 Brooklyn Half Ale, 알코올 5.4%, IBU 37은 은은하게 과일 향이 나 가볍게 즐기기 좋다. 브루클린 라거Broooklyn Lager, 알코올 5.2%, IBU 30와 브루클린 이스트 IPABrooklyn East IPA, 알코올 6.9%, IBU 47는 쌉쌀한 맛을 즐기고 싶은 이에게 추천한다. 이 맥주들은 양조장에서 병으로 판매중이다. 제주 시내 대형 마트와 편의점은 물론 토속 음식점이나 한식당에서도 쉽게 만나볼 수 있다.

제주맥주는 푸드 페어링 이벤트 및 임직원이 주최하는 원데이 클래스 등 다채로운 행사를 진행하고 있다. 깨끗한 물과 신선한 바람이 그대로 담긴 크래프트 맥주를 즐기러 제주도로 떠나자.

💬 지은이의 두 줄 코멘트

**오윤희** 제주 위트 에일을 추천한다. 제주를 대표하겠다는 포부를 담은 맥주로 맛도 디자인도 좋다. 2018년에는 새로운 라인업을 추가할 예정이다. 선택의 폭이 넓어진다고 하니 벌써부터 즐겁다.

**원관연** 단순한 브루어리를 넘어 제주의 복합 문화 공간을 지향하고 있다. 오늘보다 내일을 더 기대해보자.

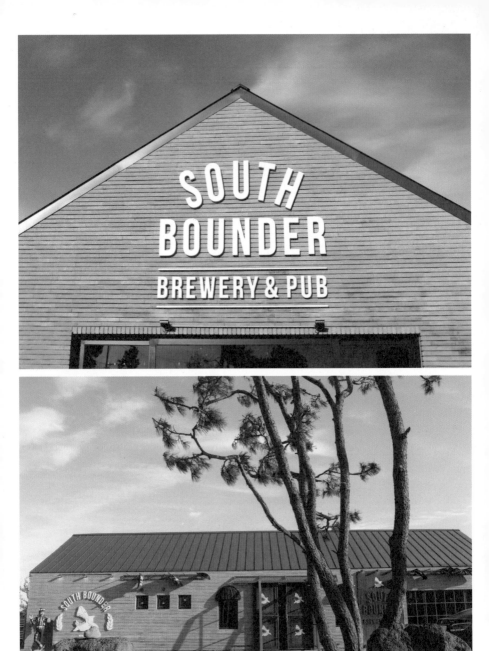

# 사우스바운더 브로잉 컴퍼니
## SOUTH BOUNDER BREWING COMPANY

### 킨포크의 도시 포틀랜드 스타일 브루펍

수제 맥주 펍을 운영하던 남자와 특급호텔 헤드 셰프로 근무하던 남자가 의기투합하여 2017년 말 브루펍을 오픈했다. 제주도 끝 서귀포시 중문단지 근처에 있다. 멀리 떠나고 싶을 때 가기 좋은 곳이다. 바다를 바라보면서 맥주 한잔으로 힐링을 하자.

📍 서귀포시 예래로 33(상예동, 중문 단지 부근)
📞 064-738-7536
🕐 12:00~24:00(연중무휴)
☰ http://www.sbbc.co.kr/
📷 southbounderbrewery
브루어리 투어 ☑  펍·탭룸 ☑

## 중문 단지 옆 브루어리

감귤, 돌하르방, 바다, 섬, 성산 일출봉, 유채꽃, 한라산, 해녀, 흑돼지. '제주' 하면
이렇듯 다양한 단어가 떠오른다. 여행 준비를 하다 보면 '게스트하우스'라는 단
어도 많이 떠올리게 된다. 낯선 시간, 먼 타지에서 여행하다 만난 인연이 스쳐가
는 그곳이, 마음을 설레게 한다.

제주 서귀포시에는 '남쪽으로 튀어'라는 게스트하우스가 있다. 일본 작가 오쿠
다 히데오의 소설 <남쪽으로 튀어>에서 따다 이름 지은 곳인데, 서울에서 하염
없이 남쪽으로 내려와 이곳을 찾아가다 보면 왜 이름을 남쪽으로 튀어라고 지
었는지 알 것도 같다. 이 게스트하우스 옆에 협업 관계인 브루펍이 있는데, 이
곳이 지금 우리가 얘기 나누고자 하는 '남쪽으로 튀어 브로잉 컴퍼니'사우스바운
더 브로잉 컴퍼니이다.

2017년 12월 24일, 제주 중문 단지에서 수제 맥주 펍을 운영하던 허진성 대표와
특급 호텔 해드 셰프로 근무하던 권상원 대표가 의기투합하여 브루펍을 오픈했
다. 누구나 가서 살기를 꿈꾸는 제주에서 제주만의 특색 있는 맥주를 만들고 싶
다는 꿈을 가지고 문을 열었다. 로고에는 상어와 서핑이 그려져 있다. 서핑 마니
아이던 두 사람이 서핑을 하고, 맥주를 마시며 대화를 나누다 뜻을 모으게 된 것
이다. 인테리어부터 메뉴, 가구 하나하나까지 브루펍 이곳저곳에 두 대표의 손
길이 고스란히 담겨 있다.

## 맥주, 여행, 킨포크, 수다

이곳에서 마실 수 있는 맥주는 브루펍 로고 상어에서 따 온 Shark Beer알코올
6.0%, IBU 53, 와 Ssum! Beer알코올 5.3%, IBU 20이다. Shark Beer는 수제 맥주 열풍을
일으킨 모든 브루어리의 머스트 해브 스타일 맥주다. 쌉쌀한 홉에 과일 향이 나
는 에일 효모가 어우러져 있다. Ssum! Beer는 붉은 호박 빛을 띠는 맥주로 연

한 과일 향이 난다. 빛깔이 노을에 물든 제주 하늘이 연상된다. 남녀의 썸을 기대하게 만드는 맥주다.

브루펍을 차리기 전 두 대표는 크래프트 맥주의 산실이자, 힙한 여행자들의 아지트이자, 킨포크의 도시인 포틀랜드를 다녀와 이를 제주와 결합시켰다. 맥주에 제주의 맛과 포틀랜드의 맛을 더했고, 바닷가 바로 앞에 킨포크의 분위기를 살려 브루어리를 꾸몄다. 음식 메뉴도 다양하다. 포틀랜드 스타일로 만든 치킨 와플, 제주 구좌읍 양파를 튀긴 양파링이 먼저 눈에 띈다. 에그 베네딕트에는 제주산 돼지를, 알리오 올리오에는 모슬포 마늘을, 해산물 스파게티에는 제주산 한치를 사용하는 등 모든 음식에 현지 식자재를 사용하고 있다.

서로의 이야기들이 오가는 동안 맥주는 시원하고 밤공기는 포근할 것이다.
- 장성민의 <아무튼, 게스트 하우스> 중에서

꽃 내음이 귓볼까지 간지럽히는 계절, 제주에서 마시는 맥주 한잔은 여행을 더욱 즐겁게 만든다. 새로운 만남과 유쾌한 수다가 있는 곳에서, 수제 맥주와 로컬 식자재로 만든 음식을 즐기고 싶다면, 남쪽으로 튀어 브로잉으로 여행을 떠나보자!

### 지은이의 두 줄 코멘트

**오윤희** Shark Beer는 밸런스가 좋아 누구나 즐기기 좋다. 오쿠다 히데오의 <남쪽으로 튀어>를 읽으며 맥주 한잔 한다면 '진정한 남쪽으로 튀어'를 완성할 수 있을 것이다.

**원관연** 제주도 끝 서귀포 중문단지 근처에 있다. 국내에서 가장 멀리 떠나고 싶을 때 가기 좋은 곳이다. 바다를 바라보면서 맥주 한잔으로 힐링을 하자.

# 맥파이 브루어리
## MAGPIE BREWERY

---

### 감귤 창고에 들어선 매력적인 브루어리

맥파이는 빈 감귤 창고를 개조하여 브루펍을 만들어 처음 문을 연 2016년부터 이목을 끌었다. 모던하면서도 빈티지 한 검정색 브루어리 건물이 인상적이다. 브루어리 옆에 탭룸이 있으며, 서울 이태원과 제주시 탑동에도 직영 펍을 운영하고 있다.

📍 제주시 동회천1길 23(회천동)
📞 070-4228-5300
🕐 수~일요일 12:00~20:00
☰ www.magpiebrewing.com
f 🅾 magpiebrewing
브루어리 투어 ☑ 펍·탭룸 ☑

## 경리단길의 그 유명한 수제 맥주

맥파이는 2012년 서울 이태원에서 태어났다. 경리단길에서 크래프트 비어 문화를 만들며 유명세를 탔다. 처음에는 양조 시설 없이 위탁 양조를 하다가 2016년 아라리오 뮤지엄의 투자를 받아 제주시에 양조장을 설립하면서 본격적으로 제주도에 살림을 차렸다. 빈 감귤 창고를 개조하여 브루어리를 만들어 이목을 끌었다. 서울 태생이지만 제주에서 양조되고 있는 특수성을 고려하여 'BREWED ON JEJU, BORN IN SEOUL'이라는 슬로건을 내걸었다. 모던하면서도 빈티지한 검정색 브루어리 건물 벽면에 커다란 글씨로 슬로건을 새겨 놓았다. 탭룸도 갖추고 있는데 감각적인 인테리어 덕에 여행객들의 필수 코스로 사랑받고 있다. 맥파이Magpie는 '까치'라는 뜻이다. 좋은 소식을 몰고 오는 까치처럼 좋은 맥주 문화를 만들겠다는 뜻을 담아 이름을 지었다. 재미있는 점은 지금이야 까치는 쉽게 볼 수 있는 새지만, 1989년까지만 해도 제주에는 까치가 살지 않았다고 한다. 1989년 아시아나항공과 일간스포츠가 창립 기념 행사로 제주에 까치 53마리를 방사하면서, 까치가 살기 시작했다고 한다.

## 브루어리 투어에 참여하자

맥파이의 맥주는 무척 다양하다. 페일 에일, 포터, 아메리칸 위트, IPA는 물론이고, 고스트와 가을 가득Full of Fall이라는 맥주도 있다. 대표 맥주Core Beer로는 맥파이 쾰쉬, 맥파이 페일 에일, 맥파이 포터, 맥파이 아이피에이가 있다. 시즈널 비어Seasonal Beer로는 고스트, 가을 가득, 천둥, 첫차, 막차, 번개, 백록, 부적, 윈터워

⊕ TIP

브루어리 투어 안내

시간 토·일 13:00 15:00 17:00(사전 예약제) 가격 1만원(맥주 한 잔 포함)

문의 070-4228-5300 이메일 brewery@magpiebrewing.com

머 등이 있다. 이 중에서는 막차The Last Train, 알코올 8.0%, IBU 30가 가장 인상적이다. 영국의 에일 흑맥주 포터Porter의 일종으로 향, 맛, 알코올 도수가 다 강한 편이다. 맥파이 퀼쉬알코올 4.8%, IBU 23는 깔끔하면서도 끝 맛이 고소하다. 라거 스타일로 숙성한 맥주로, 홉의 쓴맛과 꽃 향이 잘 어우러져 바디감이 가볍다. 맥파이 포터알코올 5.5%, IBU 30는 페일 에일과 더불어 맥파이에서 가장 인기가 좋다. 커피와 다크 초콜릿 풍미를 가지고 있으며, 바디감이 가볍고 끝 맛이 부드럽다. 맥파이 IPA알코올 6.5%, IBU 60는 정통 아메리칸 아이피에이로 홉 향이 강하고 소나무와 시트러스의 풍미가 살아 있다. 고스트Ghost, 알코올 5.0%, IBU 15는 부드러운 산미가 느껴지는 상쾌한 맥주이다.

투어에 참여하면 샘플 맥주를 직접 맛볼 수 있으며, 맥주를 만드는 과정을 직접 눈으로 확인할 수 있다. 브루어리 탭룸뿐 아니라 이태원과 제주시 탑동의 직영 펍에서도 즐길 수 있다. 까지처럼 반가운 소식을 물어다 줄 것 같은 맥파이를 만나러 제주로 떠나보자!

### ☺ 지은이의 두 줄 코멘트

**오윤희** 막차The Last Train, 알코올 8.0%, IBU 30를 추천한다. 브루어리 건물처럼 까만 흑맥주로 커피와 캐러멜, 체리 향이 풍성하게 느껴진다. 이 맥주를 마시고 있으면 다음 제주 여행을 기약하고 싶어진다.

**원관연** 막차가 가장 인상적이다. 이렇게 깔끔하고 커피 향이 뿜어져 나오는 포터가 또 있을까 싶다. 이 맥주와 자주 어울릴 것 같은 예감이 든다. 마무리로 마시고 막차를 타자.

---

**맥파이 직영 펍**
이태원점 **주소** 서울시 용산구 녹사평대로 244-1 **전화** 02-749-2703
**영업시간** ①브루숍 매일 15:00~23:00 ②베이스먼트 매일 17:00~01:00
탑동 제주점 **주소** 제주시 탑동로2길 3, 1층 **전화** 064-720-8227 **영업시간** 매일 17:00~01:00

# 제주지앵
## JEJUSIEN

---

### 제주의 오리지널리티, 감귤 수제 맥주

제주지앵은 제주 토박이가 설립한 청년 브루어리이다. 맥주가 좋아 홈 브루잉을 하다 OEM방식으로 만든 맥주가 서울의 Grand Korea Beer Festival에서 대박이 났다. 마이크로 브루어리지만 감귤로 만든 차별적인 맛에 맥주 마니아들이 열광하고 있다.

📍 제주시 청귤로3길 42-7(이도2동)
📞 064-724-3650
[f][📷] jejusien_official
브루어리 투어 ☐  펍·탭룸 ☑

## 감귤의 상큼함을 맥주에 담았다

제주 감귤은 고려시대부터 왕가에 진상되면 귀한 과실이었다. 조선 중기의 정치가이자 문인이었던 허균1569~1618은 우리나라의 첫 한글소설 〈홍길동전〉으로 유명하지만 〈도문대작〉屠門大嚼, 1611이라는 음식 평론도 남겼다. 조선 팔도의 명물 토산품과 별미 음식을 소개한 책이다. 그는 아마도 우리나라 최초의 음식평론가일 것이다. 도문대작이란 고깃집 문 앞에서 입을 크게 벌려 씹는 다는 뜻으로, 직접 먹지는 못하지만 상상하는 것만으로도 즐겁다는 것을 표현한 말이다. 그는 제주의 감귤에 대해 다음과 같이 설명하고 있다.

> 금귤, 제주에서 나는데 맛이 시다.
> 감귤, 제주에서 나는데 금귤보다는 조금 크고 달다.
> 청귤, 제주에서 나는데 껍질이 푸르고 달다.
> -허균의 〈도문대작〉 중에서

제주지앵은 제주 토바이가 제주시 이도2동에 설립한 청년 브루어리이나. 맥주가 좋아 홈 브루잉을 하다 OEM방식주문자 상표 부착 방식으로 맥주를 만들었는데, 그 맥주를 서울 맥주 페스티벌에 가지고 갔다가 대박이 났다. 제주지앵은 SNS에서 입소문이 나면서 제주를 대표하는 브루어리 가운데 하나로 자리매김했다. 브루어리는 흔히 보는 공장 스타일 양조장과 사뭇 다르다. 일반 가정집 지하를 개조해 만들어 정감이 가고 친근감이 든다. 마이크로 브루어리지만 감귤의 상큼하고 신선한 맛을 담아 맛의 차별성을 원하는 수제 맥주 마니아들에게 많은 사랑을 받고 있다.

## 새콤달콤, 몸에 생기가 돈다

제주 감귤은 제주의 흙과 바람과 햇살, 그리고 제주 사람들의 꿈을 먹으며 자란다. 한마디로 제주의 소울이 담긴 과실이다. 제주의 감귤로 만든 제주지앵의 맥주 또한 제주의 소울이 담긴 맥주이다. 제주지앵의 맥주는 제주 고유의 풍경처럼, 이를테면 돌담처럼, 바다처럼, 혹은 오름처럼 사람들의 가슴을 적신다. 대표 맥주로는 제주 감귤맥주 Jeju Mandarine Orange Pale Ale알코올 5.3%, IBU 30, 시트러스 스타우트Citrus Stout, 알코 4.5%, IBU 20가 있다. 최근에 앰버 에일도 출시했나. 감귤맥주는 페일 에일 스타일로 감귤피를 활용하여 느낌이 산뜻하다. 시트러스 스타우트는 일반 스타우트보다 가볍고 탄산감이 많다.

아쉽게도 브루어리 투어는 따로 진행하고 있지는 않다. 제주시 노형동의 베스트웨스턴호텔 1층 탭하우스 더 코너Taphouse The Corner에 가면 제주지앵의 맥주를 마음껏 즐길 수 있다. 제주에서 개최되는 축제 및 행사에서도 만날 수 있다. 서울에서 열리는 GKBFGrand Korea Beer Festival에도 참가할 계획이다. 감귤 꽃 향기 가득 머금은 상큼함을 찾아 제주지앵으로 맥주 여행을 떠나자.

### 지은이의 두 줄 코멘트

**오윤희** 시트러스 스타우트를 추천한다. 이름처럼 흑맥주에서 풋풋함과 싱그러움이 느껴진다. 봄 처녀가 사랑하는 이를 만난다면 이런 느낌일까. 맥주 한잔으로 제주지앵이 되고 싶다면, 시트러스 스타우트를 마셔보자.

**원관연** 감귤맥주를 추천한다. 감귤의 새콤하고 달콤한 맛이 맥주에 조화롭게 담겼다. 밤늦게 도착해 피곤했는데, 다시 활기를 되찾게 해주었다.

**탭하우스 더 코너**
주소 제주시 도령로 27 베스트웨스턴호텔 1층(노형동)
영업시간 매일 18:00~01:00(일요일 휴무) 전화 064-744-2007

# 제스피

**JESPI**

---

### 화산 암반수와 제주 보리로 만든 맥주

제스피Jespi는 제주의 정신Jeju Spirit이라는 뜻이다. 화산 암반수와 제주산 최고급 보리로 맥주를 만드는 것도 제주 정신을 담기 위함이다. 규리든 에일이 2018년 '대한민국주류 대상 크래프트 비어 부문' 대상을 받았다. 브루어리 투어를 무료로 진행한다.

📍 서귀포시 남원읍 서성로 684-22

📞 064-780-3582

🕐 월~금요일 10:00~17:00(주말 휴무, 투어는 무료, 최소 2일 전까지 예약)

☰ brand.jpdc.co.kr/jespi

[f] [ⓞ] jejujespi

브루어리 투어 ☑  펍·탭룸 ☐

## 제주 정신을 맥주에 담았다

제스피는 제주도에서도 조금 특별한 브루어리다. 제주 시민이 주인인 제주개발 공사에서 운영하는 양조장인 데다가 화산 암반수와 제주산 최고급 보리로 맥주를 만드는 까닭이다. 브루어리 이름도 눈여겨볼 만하다. 제스피Jespi는 제주의 정신Jeju Spirit이라는 뜻이다. 청정 자연을 지키고 보호하려는 정신을 브루어리 이름에 담았다. 브루어리는 제주도 동남쪽 서귀포시 남원읍에 있다.

제스피는 2010년 오픈한 이후 꾸준히 성장하고 있다. 한해 생산량은 약 85톤이다. 2016년 2월에는 스트롱 에일이 '대한민국주류대상 크래프트비어 부문'에서 대상을 수상하였다. 세계 3대 주류 품평회 중 하나인 'European Beer Star 2016'에 출품하여 좋은 평가를 받기도 했다. 또 레드닷 디자인 어워드에서 커뮤니케이션 부분 본상을 수상하였다.

브루어리 투어에 참여하면 양조 작업 현장을 둘러볼 수 있다. 맥아 분쇄부터 당화, 여과, 자비, 침전, 냉각, 발효와 숙성, 저장까지 맥주 초보자들도 쉽게 이해할 수 있도록 직접 친절하게 설명해준다. 투어가 끝나면 브루어리에서 생산되는 맥주 여섯 가지를 시음할 수 있다.

## 맥주 본연의 맛부터 중후한 맛까지

제스피는 라거알코올 4.5%, 페일 에일알코올 4.5%, 바이젠알코올 5.0%, 스타우트알코올 5.0%, 스트롱 에일알코올 6.5% 등 여섯 종류를 생산하고 있다. 라거는 호프의 쌉쌀한 쓴맛이 깨끗하게 떨어지는 맥주이다. 페일 에일은 은은하게 감귤향이 감돌

⊕ TIP

브루어리 투어 안내

**주소** 서귀포시 남원읍 서성로 684-22 **전화** 064-780-3582
**시간** 월~금요일 10:00~17:00 **예약** 최소 2일 전까지 **비용** 무료

며 끝 맛이 깔끔하다. 바이젠은 바닐라 향이 어우러진 부드러운 밀 맥주이다. 스타우트는 초콜릿과 캐러멜 맛이 나며, 부드러운 거품이 풍부한 에일 맥주이다. 스트롱 에일은 알코올의 바디감이 강하게 느껴진다. 그밖에 제주 감귤 과즙과 과피가 들어간 제스피 규리든 에일Jespi Guriden Ale, 알코올 4.5%을 출시하는 등 라인업을 보강하고 있다. 규리든 에일은 2018 대한민국주류대상 크래프트 에일 부문 대상을 수상하였다. 맥주 입문자에겐 규리든 에일과 탄산이 가미돼 가볍게 마시기 좋은 라거를, 진한 맛을 원하는 맥주 고수에겐 중후하고 풍부한 맛이 일품인 스트롱 에일을 추천한다.

국내에서 유일하게 제주산 보리로 만든 맥주를 마시러 제주로 떠나자. 하늘하늘 보리가 춤을 추는 제주도. 제스피와 함께라면 여행의 즐거움이 더 특별해질 것이다.

💬 **지은이의 두 줄 코멘트**

**오윤희** 규리든 에일을 추천한다. 제주 보리와 제주 감귤로 만든 맥주이다. 감귤 과즙과 과피를 첨가하여 맛이 신선하다. 제주 보리와 제주 감귤의 궁합이 아주 좋다. 한잔 마시고 나면 귤 하나를 통째로 먹은 기분이 든다.

**원관연** 페일 에일을 추천한다. 제주에서 마시기 때문일까? 감귤 향을 넣지 않았다는데도 신기하게 홉 향이 상큼하다. 바디감도 중간 정도라 좋고, 목넘김도 깔끔하다.

# 특별부록

알아두면 쓸모 많은 맥주 용어 사전
우리나라 수제 맥주 지도
수제 맥주 브루어리와 탭룸, 비어 펍 리스트
브루어리 할인 쿠폰과 굿즈 증정 쿠폰

# ① 알아두면 쓸모 많은 맥주 용어 사전

## ABV

Alcohol by Volume의 줄임말이다. 다시 말해 맥주 안에 얼마나 많은 알코올이 들어가 있는 가를 나타내는 지수이다. ABV는 액체 비중계로 측정 가능하며, 섭씨 20도 기준 100ml 안의 에탄올 백분율이 ABV가 된다. 만약 500ml 캔맥주에 알코올 함유량이 5%라고 표기되어 있 다면, 500ml의 맥주 중에서 25ml가 알코올인 셈이다. 알코올 함량이 높을수록 더 달콤하고 바디감 있는 맛을 낸다. 일반적인 맥주의 ABV는 4%에서 15% 사이이다. 하지만 크래프트 비어 는 이를 벗어난 재치 있는 도전을 많이 한다. 세계에서 가장 독한 맥주는 스코틀랜드 양조회 사 브루마이스터Brewmeister에서 만든 아마겟돈Armageddon으로 알코올 함량이 무려 65%이다.

## IBU

International Bitterness Units의 줄임말로 맥주가 얼마나 쓴 지 알 수 있는 지수다. 맥주의 이소알파산의 농도가 기준이 된다. IBU 뒤에 붙는 숫자가 높을수록 쓴맛이 강하다. 홉을 많이 사용하면 IBU가 높아진다. 일반적인 맥주의 IBU 지수는 20 안팎이다. 호피한 맛이 특징인 미 국식 인디아 페일 에일American India Pale Ale은 IBU가 대략 60이다. 바이젠Weizen은 약 10 징도 로 비교적 낮은 편이다. IBU가 높을수록 밸런스보다 강하면서도 인상적인 맛을 느낄 수 있다. 한 예로 덴마크의 집시 브루어리 믹켈러Mikkeller는 1000 IBU까지 만든 독특한 이력이 있다.

## IPA India Pale Ale

19세기 초 영국이 식민지 인도로 보내기 위해 만든 페일 에일밝은 색과 쓴 맛이 특징이다.의 한 종류 이다. 영국에서 아프리카 희망봉을 거쳐 인도까지 가는 긴 항해로 맥주가 변질되자 홉을 많이 넣어 보존성을 높인데서 유래했다. 일반적인 페일 에일보다 쓴맛이 강하나 과일이나 허브, 솔, 풀잎 등 홉 고유의 맛과 향도 느낄 수 있다.

## SRM

Standard Reference Method의 줄임말로 맥주의 색상을 구분해 주는 지수다. 미국에서 보편 적으로 사용하는 지수로 1부터 40까지 구분되어 있으며, 숫자가 커질수록 맥주 색상이 진해 진다. 예를 들어 SRM 3정도면 황금색, 10 이상면 갈색, 30 이상이면 다크 계열로 보면 된다. 유럽에서는EBCEuropean Brewing Convention를 주로 사용하는데 SRM보다 디테일하게 구분되어 있다. 맥아의 색상만 구분하는 로비본드Lovibond가 있는데, SRM과 EBC가 대중화되면서 현재 는 거의 사용하지 않고 있다.

### 게스트 비어 Guest Beer
다른 양조장에서, 다른 브루어가 만든 맥주를 말한다.

### 고블릿 Goblet
아래에 받침술잔 다리이 있는 잔이다. 클래식한 외관 덕분에 우아하게 보인다. 벨기에 에일처럼 향과 거품이 많은 맥주에 잘 어울린다.

### 고제 맥주 Gose Beer
독일 중부 고슬라르와 라히프치히 지역이 원산지인 상면 발효 맥주이다. 이 지역을 흐르는 강 고제에서 이름을 따왔다. 밀을 최소 50% 이상 사용하며 탁한 노란색을 띤다. 물, 홉, 보리, 효모 외에 젖산균과 고수, 소금까지 첨가해서 만든다. 맛이 깊고 바디감이 강한 편이나 신맛과 짠맛이 나 호불호가 갈린다.

### 골든 에일 Golden Ale
황금빛이 도는 맥주로 페일 에일보다 조금 더 쌉쌀한 맛이 난다.

### 괴즈 Gueze
전통적인 벨기에 맥주 스타일로 람빅을 섞어 숙성하여 발효한 맥주다. 일반 맥주보다 과일 맛이 더 자극적이고 신맛이 더해진다. 호불호가 있지만 마니아층이 두터운 맥주다.

### 굿 플레이버 Good Flavor
맥주의 네 가지가 재료가 조화를 잘 이루고, 보관이 잘 된 맥주를 이르는 말이다. 이런 맥주는 향기를 맡는 순간부터 목으로 넘기는 순간까지 미각을 즐겁게 자극한다. 한마디로 미감을 잘 표현할 수 있는 좋은 맥주를 말한다.

### 그라울러 Growler
맥주를 담는 작은 보냉병

### 끓이기자비 Boiling, Brewing
맥즙에 홉을 넣고 끓이는 과정이다. 맥주의 쓴맛과 향아로마을 얻는 중요한 과정이다. 특유의 쓴 맛과 향을 강화하기 위해 홉을 여러 번 넣기도 한다. 이를 드라이 홉핑Dry hopping이라고 한다. 끓이는 과정에서 향·맛·색이 다시 형성되고, 맥즙이 살균된다.

### 나노 브루어리 Nano Brewery
마이크로 브루어리보다 더 작은 브루어리. 일반적으로 1회 생산량이 470리터 미만인 아주 작은 브루어리를 말한다.

### 닌카시 Nikansi
메소포타미아 수메르의 맥주 여신. 비석에 닌카시를 찬양하는 시가 나오는데, 그 안에 빵을 발효하여 맥주를 만든 방법이 나온다.

### 냉각 Cooling, Chilling
맥즙에 효모를 넣을 준비를 하는 과정이다. 효모를 첨가하려면 맥즙을 발효되기 적당한 온도까지 냉각을 해야 한다. 맥즙은 열교환기를 사용해 냉각시키다.

### 노닉 파인트 Nonick Pint
맥주잔 중상단, 엄지와 검지가 닿는 부분이 볼록 튀어나온 잔이다. 볼록한 구조 때문에 잔 입구에 흠집이 잘 나지 않는데, 이런 이유 때문에 노 닉No nick, 흠집 없음이라 불린다. 그립감이 좋다. 엉국식 에일에 어울린다.

### 노블 홉 Noble Hop
독일 품종으로 풀, 허브, 레몬, 꽃 향이 나는 홉이다.

### 당화 Mashing
분쇄한 맥아와 약 70℃의 물을 통Mash tun, 맥아즙 통, 엿기름 통에 넣어 당을 우려내는 과정이다. 이때 맥아가 당분으로 변하는데 맥즙, 우리 말로는 감주를 만드는 과정이다. 약 1시간 동안 진행한다.

### 되멘스 Doemens
독일의 3대 맥주 양조 교육 기관 중 하나다. 국내에서 되멘스 비어 소믈리에 과정이 진행되고 있다.

### 드래프트 맥주 Draft Beer
'생맥주'라고도 불린다. 열처리를 하지 않은 맥주로 영어로 '떠내다'라는 의미의 Draft에서 따왔다. 본래 통에서 떠올린 맥주에서 시작되었다.

### 둔켈 Dunkel
독일의 흑맥주. 볶은 보리로 제조해 맥주의 빛깔이 검고 구수한 맛이 난다. 둔켈은 독일어로 '어둡다'는 뜻이다. 헬레스 라거와 함께 바이에른 지역에서 생산된다.

### 드라이 홉핑 Dry Hopping
홉핑은 맥즙에 홉을 넣는 것을 말하며, 맥즙이 끓을 때 이 작업을 한다. 드라이 홉핑은 양조를 완료하기 전에, 즉 맥즙의 냉각, 발효, 숙성 과정에서 다시 한 번 홉을 첨가하는 작업을 뜻한다. 열을 가하지 않고 홉을 첨가하는 까닭에 신선하면서도 청량한 홉의 향을 잘 구현할 수 있다.

### 라거 맥주 Lager Beer
하면 발효 맥주라고도 한다. 섭씨 7~15도 사이의 낮은 온도에서 서서히 발효시키고, 발효가 끝난 효모가 아래로 가라앉기 때문에 하면 발효 맥주라고 부른다. 빛깔은 밝은 황금빛을 띠고 에일에 비해 맛이 담백하고 청량감이 강하다. 필스너, 카스, 삿포로, 아사히 등 시중에 대량으로 유통되는 맥주 대부분이 라거 맥주이다.

### 라우흐비어 Rauchbier
너도밤나무 장작에 맥아를 훈제하여 만들어 그 향이 돋보이는 독일식 맥주다.

### 람빅 Lambic
벨기에에서 생산되는 자연 발효 맥주. 맥주의 원형이자 에일 스타일의 원조이다. 인공으로 배양한 효모를 사용하시 않고 공기 중에 떠도는 효모균으로 자연 발효시키는 맥주다. 신맛이 강하고 치즈 냄새가 나 호불호가 심하게 갈린다. 지금은 원액을 마시기보다는 괴즈Gueuze 같은 개량된 람빅 스타일 맥주 또는 맛술로 주로 사용한다.

### 레이트 비어 Rate beer
미국 맥주 평가 사이트 중 하나www.ratebeer.com로 소비자가 맥주를 주관적으로 평가하는 사이트다. 한국 맥주도 따로 평가한다.

### 마이크로 브루어리 Micro Brewery
소규모 양조장을 뜻하나, 원래는 연간 생산량이 176만 리터 이하면서 75% 이상의 맥주를 외부에 판매하는 브루어리를 말한다. 이보다 더 작은 양조장을 나노 브루어리라 부른다.

## 마우스필 Mouthfeel

맥주를 마실 때 느껴지는 맥주의 모든 감촉을 나타낼 때 사용한다. 사람마다, 맥주마다 상대적이므로 정답은 없다.

## 맥아 Malt

맥주의 주원료이다. 보리 또는 밀을 뜨거운 물에 담가 놓으면 맥아몰트로 변신한다. 쉽게 말해 보리 또는 밀을 싹을 틔워 말린 것으로 우리 말로는 엿기름이다. 맥아는 단백질, 당, 미네랄 등 맥주 성분을 채워주는 베이스 맥아Base Malt와 맥주의 색과 향, 풍미를 더해주는 특수 맥아Speciality Malt가 있다. 이외에도 옥수수나 귀리, 쌀과 호밀, 수수 같은 곡물이 사용되기도 한다. 맥아는 볶는 정도에 따라 맛과, 향, 빛깔을 다양하게 변주할 수 있다. 차별적인 맥주를 만들 수 있는 매력적인 재료다. 보리의 경우 이삭 표면이 두 줄인 2조맥과 여섯 줄인 6조맥을 사용한다.

## 맥주순수령 Reinheitsgebot

순수한 맥주의 정의를 내린 독일의 법령이다. 이 법 덕에 독일이 맥주의 왕국이 될 수 있었다. 1516년 4월 23일, 바이에른 공작 빌헬름 4세는 독일 잉골슈타트에서 개최된 주 의회에서 오로지 보리와 물, 홉으로만 맥주를 만들어야 한다는 법령을 공표했다. 영어로는 German Beer Purity Law라 불린다. 맥주순수령 공표 배경은 크게 두 가지이다. 첫째는, 밀과 호밀을 맥주 양조에 사용하지 못하게 하기 위해서였다. 맥아 원료를 보리로 국한시켜 주식인 빵의 재료인 밀과 호밀의 가격을 안정시키기 위한 조치였다. 둘째는, 검증된 재료만 사용하여 질 낮은 맥주를 만들지 못하게 하기 위해서였다. 순수령 원문에는 효모에 관한 내용이 없다. 그 당시엔 아직 효모의 존재를 알지 못했기 때문이다. 파스퇴르가 효모를 발견한 1800년대 중반 이후 개정된 맥주순수령에는 효모가 더해졌다. 맥주순수령 공표 당시엔 바이에른 주에만 적용이 되다, 프로이센이 독일을 통일한 이후인 1906년에 독일 전역으로 확대되었다. 순수령은 1993년 폐지되었다. 하지만 지금도 독일에서는 맥주순수령에 따른 맥주를 만날 수 있다. 순수령 덕분에 뮌헨을 중심으로 한 독일 남부는 세계에서 가장 품질이 좋은 맥주를 생산하게 되었다. 세계 3대 축제 중 하나인 뮌헨 옥토버페스트가 이를 증명해준다.

## 맥즙 Wort

말린 맥아를 뜨거운 물에 넣고 당을 걸러 낸 즙. 맥아즙이라고도 한다. 이 즙으로 맥주를 만든다. 맥즙을 걸러내고 남은 찌꺼기는 주로 동물 사료로 사용한다.

**모자익 홉** Mosaic Hop

자연적인 흙내음, 시트러스한감귤, 오렌지, 레몬의 향과 풍미 풍미를 지닌 홉의 한 종류. 2012년 미국에서 신품종으로 개발되었다.

**물** Water

맥주의 성분 90~95%가 물이다. 흔히 맥주를 액체 빵이라고 부르는 이유이다. 물은 칼슘 이온과 마그네슘 이온의 많고 적음에 따라 경수Hardwater와 연수Softwater로 나뉜다. 우리가 잘 아는 필스너는 체코 플젠Plzen 지역 물을 사용하는데 이곳의 물은 미네랄과 염분이 적은 연수였다. 이 연수로 깔끔한 맛을 구현하는 라거를 탄생시켰다. 반대로 독일 맥주 고제Gose는 미네랄이 풍부하고 염도가 높은 고제 강물로 만들었다. 경수로 만든 맥주라 바디감이 강하고, 젖산과 소금을 첨가해 시고 짠맛이 난다.

**바디** Body

맥주의 느낌을 표현할 때 쓰는 단어 중 하나다. 목을 넘어가는 감각 혹은 맥주 전체의 느낌을 말할 때 사용한다.

**바이젠** Weizen

밀 맥주. 보리 맥아 대신 밀 맥아를 사용해 만든다. 흑맥주와 구별하기 위해 하얗다는 뜻의 바이스비어Weissbier라고도 부른다. 바나나 향 같은 특유의 향이 있다. 파울라너와 에딩거가 잘 알려진 밀 맥주이다.

**바이젠 복** Weizenbock

도수가 강한 밀 맥주의 하나. 스파이시하면서 복합적인 풍미를 자아낸다. 고집 센 산양 Bock에서 이름을 따왔다는 설이 있다.

**바이젠 글래스** Weizen Glasss

헤페바이젠독일의 대표적인 밀 맥주를 위한 맥주잔. 컵 위로 맥주 거품이 솟아 올라 귀여운 왕관 모양을 이룬다. 마시는 순간 입에 거품을 한껏 묻힐 수 있는 잔이다.

**발효** Fermentation

맥즙을 발효 탱크로 이동시킨 후 효모를 첨가하는 과정. 맥즙에 효모와 산소를 넣어 발효시킨다. 발효 과정에서 알코올과 탄산가스가 만들어지고 맥주가 완성 단계로 나아간다.

### 배럴 Barrel
술을 제조하여 숙성시키는 나무통을 말하지만 맥주 양조의 양을 측정하는 용어로도 사용한다. 맥주 1배럴은 36갤런약 136ℓ 정도다.

### 베럴 에이지드 프로그램 Barrel Aged Program
맥주를 오크 통에 넣어 숙성시키는 프로그램을 말한다. 이때 색과 향이 더 깊어진다.

### 베를리너 바이쎄 Berliner Weiße
사우어 비어의 하나이다. 베를린에서 제조된 밀 맥주로 맥아, 물, 홉, 효모 외에도 젖산균을 첨가해서 제조한다. 신맛이 강하기 때문에 과일 시럽을 함께 넣어 마시는 편이며, 알콜 도수가 일반 맥주보다 약하고 칵테일 같이시 어름에 주로 마신다.

### 벨지안 에일 Belgian Ale
벨기에 스타일 에일 맥주를 말한다. 맛이 깔끔하고, 은은한 과일 향이 나 목넘김이 부드럽다. 수제 맥주 입문용으로 좋다.

### 보리 Barely
맥주를 만드는 데 사용되는 재료. 물 다음으로 비중이 큰 재료로 맥주 보리는 두줄보리가 사용되며 여섯줄보리를 사용하는 나라도 있다.

### 복비어 Bock Bier
독일에서 유래한 라거의 일종으로 맥아가 많이 함유되고 알콜 도수가 높고 진한 맥주이다. 바디감이 풍부하며, 오랜 숙성 기간을 거친 것이 특징이다. 독일어로 'Bock'은 숫염소를 뜻한다. 복 비어를 마시면 숫염소처럼 힘이 불끈불끈 솟아난다는 재미있는 이야기가 전해진다.

### 분쇄 Milling
맥즙을 만들기 위해 맥아몰트를 분쇄하는 과정이다. 맥아는 껍질을 제거하지 않는 상태이므로 당분을 얻기 위해서는 분쇄해야 한다.

### 브루어 Brewer
맥주를 양조하는 사람을 말한다. 단순히 맥주만 만드는 사람이 아닌, 원재료 주문부터 공정과 세척, 배송 및 맥주의 퀄리티 유지까지 모든 걸 책임지는 사람이다.

## 브루어리 Brewery
맥주를 만들어 내는 공장, 즉 양조장을 말한다.

## 브루펍 Brewpub
브루어리와 펍이 공존하는 공간을 말한다. 즉 양조장과 맥주를 파는 펍또는 탭룸을 한 장소에서 동시에 운영하는 복합 공간을 이르는 말이다. 양조뿐만 아니라 고객들을 위한 다양한 이벤트도 진행할 수 있는 공간이다. 우리나라의 크래프트 브루어리 대부분이 양조장 옆에 펍을 두고 있다.

## 비베레 Bibere
맥주의 어원. 라틴어로 음료, 마시다라는 뜻이다.

## 사우어 비어 Sour Beer
신맛이 나는 맥주를 통칭하여 이르는 말. 물, 맥아, 홉, 효모 외에 젖산균을 첨가해서 양조한다. 신맛이 강하기 때문에 호불호가 갈린다. 고제와 베를리너 바이쎄, 부산 와일드 웨이브 브루잉의 설레임이 대표적인 사우어 비어이다.

## 비어탭 Beertap
맥주를 따르는 수도꼭지. 탭이 구비된 펍을 탭룸Taproom이라 한다.

## 산화 Oxidation
맥주가 산소에 노출될 때 일어나는 화학 반응을 일컫는다. 이때 퀴퀴한 냄새가 난다.

## 살균 Pasteurization
맥주에 열을 가해 변하는 것을 막기 위한 과정이다. 살균을 하지 않으면 맥주 속 효모는 계속 활동을 한다.

## 세션 맥주 Session Beer
일반 맥주보다 낮은 알코올 함량을 지닌 맥주. 오래 마시기 좋다.

## 세종 Saison Beer
벨기에의 농주에서 비롯된 맥주. 산미와 과일 향이 나는 게 특징이다. 농주라는 의미 그대로 팜하우스 에일Farmhouse Ale이라고 부르기도 한다.

## 숙성 Maturing
발효가 끝나면 맥주를 거의 얼 정도로 냉각시킨 후 숙성 탱크로 옮긴다. 2~3주 동안 저온에서 숙성시키고 부산물도 제거한다. 이때 숙성과 여과가 지속되며, 탄산화 과정이 진행된다.

## 슈타인 Stein
손잡이가 달린 잔으로, 생맥주를 마실 때 흔히 사용한다. 500cc 이상 많은 양을 담을 때 주로 사용한다.

## 슈탕에 Stange
몸통이 길고 가느다란 잔을 말한다. 독일 쾰쉬 맥주를 마실 때 주로 사용한다.

## 스니프터 Snifter
풍선 모양으로 생긴 높이가 낮은 잔으로 알코올 도수가 높은 임페리얼 스타우트나 더블 IPA 같은 맥주에 어울린다. 잔은 흔들어 향을 맡는 것을 스월링Swirling이라 하는데 스니프터로 스월링할 때 가장 우아하게 느껴진다.

## 스월링 Swirling
맥주잔을 흔들어 향을 맡는 것

## 스타우트 Stout
에일 타입 흑맥주. 같은 흑맥주인 포터Porter 보다 조금 더 검게 태운 보리로 만든다. 보리의 고소한 맛과 초콜릿과 커피 향을 느낄 수 있다. 크림 같은 거품도 매력적이다.

## 스컹크 Skunked
맥주가 자외선 영향을 받으면 이소휴물론홉을 끓일 때 나오는 화학성분이 분해되어 스컹크 방귀와 비슷한 냄새가 난다. 자외선에 오래 방치된 병맥주는 피하는 게 상책이다.

## 스파징 Sparging
맥아즙 여과 시 당화 과정을 거친 맥아에 뜨거운 물을 흘려 보내 남아 있는 당분까지 추출하는 과정을 말한다.

### 시서론 Cicerone
맥주 맛을 감별하는 전문가에게 주는 미국 공인 자격을 말한다. 한국에서도 자격 취득이 가능하다.

### 아로마 Aroma
맥주를 처음 맡을 때 코로 들어오는 향을 의미한다. 이 향은 몰트와 홉에서 혹은 발효 후 생긴다. 맥주의 느낌을 표현할 때 쓰는 단어 중 하나다.

### 아메리칸 페일 에일 American Pale Ale
영국식 에일이 조화로움을 추구하는 반면, 미국식 에일은 홉 특유의 쓴맛과 화려한 향을 강조한다. 열대 과일과 시트러스 느낌이 가득하다.

### 아우구스티너 켈러 Augustiner Keller
독일 뮌헨에서 가장 오래된 양조장이자 유명한 비어 홀이다. 1328년 아우구스트 형제회 수도원에서 시작되었다. 뮌헨 옥토버페스트에 참여하는 6대 양조장 가운데 하나이다.

### 알트 비어 Alt Bier
뒤셀도르프를 중심으로 생산되는 에일 맥주이다. 발효 후 라거 맥주처럼 저온에서 장기간 숙성시키기 때문에 오래되었다는 뜻의 알트Alt라는 이름이 붙었다. 짙고 붉은 구리색을 띠며 흑맥주 같은 묵직한 바디감과 고소함이 좋다. 250ml 전용 잔에 마시며 위리거Uerige, 니멜스Diebels가 유명하다.

### 야생 효모 Wild Yeast
인위적으로 생산하지 않는 공기 중 효모를 말한다. 맥주 양조 시 자연 발효에 사용한다.

### 앰버 에일 Amber Ale
페일 에일의 친척쯤 되는 맥주이나 색깔이 보석 호박Amber처럼 붉은 빛을 띤다고 해서 이런 이름을 얻었다. 레드 에일이라고도 불린다. 페일처럼 바디감이 조금 높은 편이나 캐러멜 향이 나는 게 다른 점이다. 단맛과 고소함, 새콤함과 쓴맛을 아울러 느낄 수 있다.

### 에일 맥주 Ale Beer
흔히 상면 발효 맥주라고 부른다. 효모가 발효되는 위치가 맥주의 '윗 부분'에서 이루어진다는 의미와 하면 발효 맥주라거 타입 맥주보다 비교적 높은 온도섭씨 18~25도에서 발효된다는 의미를 동시에 가지고 있다. 높은 온도에서 발효되기 때문에 효모가 더 활발하게 활동한다. 라거에 비해 향이 풍부하고, 홉의 진한 맛을 느낄 수 있다. 영국의 포터, 아일랜드의 기네스, 벨기에의 호가든, 독일의 바이스비어와 쾰쉬가 대표적인 에일 맥주이다. 약 1만년 전 맥주 발견 초기부터 시작된 양조법이다.

## 여과 Filtration
깨끗한 맥즙을 얻기 위하여 맥아즙 여과기Lauter tun, 맥아즙을 흘려 보낼 수 있게 만든 용기에 정밀 여과판을 설치하여 불순물을 제거하는 과정이다. 여과판에 남은 찌꺼기에 뜨거운 물을 흘려보내 마지막 남은 당분도 여과시킨다. 이를 스파징Sparging이라 한다.

## 열 처리 Heat Treatment
양조 과정을 거쳐 숙성을 끝낸 맥주를 제품화하기 전 열을 가해 살균하는 과정이다. 열처리를 해야 오래 보관할 수 있다. 요즘은 생맥주도 대부분 이 과정을 거친다.

## 영 비어 Young Beer
숙성되지 않은 맥주를 말하며, 그린 비어Green Beer라고도 부른다. 일반적으로 아직 맛이 다 구현되지 않아 탄산이 없다. 밍밍한 맛이 난다.

## 외관 Apperance
맥주를 표현하는 단어 중 하나다. 맥주의 색과 거품, 투명도와 전반적인 상태를 표현한다.

## 옥토버페스트 Oktoberfest
독일 바이에른 주 뮌헨에서 개최되는 세계에서 가장 큰 맥주 축제다. 오직 뮌헨에서 양조된 맥주만 공급할 수 있으며, 매년 9~10월 사이에 개최된다. 본래 경마 축제였으나 맥주 축제로 발전했다. 축제 시 제공되는 1리터짜리 맥주잔을 매스Mass라고 부른다.

## 윗비어 Witbier
벨기에식 밀 맥주를 말한다. 독일식 밀 맥주보다 조금 더 향긋하고 부드럽다. 오렌지 껍질이 첨가돼 상큼한 맛을 낸다. 여자들의 선호도가 높다. 호가든과 블루문 벨지안 화이트가 전형적인 윗비어이다.

## 이취 Off Flavor
맥주에서 느껴지는 이상하고 바람직하지 않은 맛과 향 등을 의미한다. 이취가 나는 원인은 다양하다. 맥주 자체의 화학적 변화에서 일어나기도 하고, 외부 요인으로 발생하기도 한다. 이취가 나는 맥주는 불쾌감을 유발한다. 이취가 나지 않고 다양하고 좋은 맛이 나야 제대로 된 맥주다.

## 임페리얼 Imperial
일반 맥주 스타일보다 풍미와 알코올 등이 강한 맥주를 말한다.

## 질소 탭 Nitrogen Tap
맥주에 질소를 주입하는 시스템으로 보통 스타우트에 사용된다. 질소가 들어가면 좀 더 크미리한 맥주가 된다.

## 침전 Precipitation
홉이 첨가된 맥즙을 침전조에 넣고 돌리는 과정. 홉과 함께 응고되어 섞여 있던 단백질과 기타 불순물이 제거된다.

## 파스퇴르 Pasteur. 1822~1895
효모의 존재를 처음 발견한 프랑스의 화학자이자 미생물학자. 효모의 발견으로 와인과 맥주 양조법이 큰 발전을 이루었다. 그는 저온 살균법도 개발했다.

## 팜하우스 에일 Farmhouse Ale
벨기에를 비롯한 유럽의 농장에서 작업자에게 점심에 수기 위해 만드는 맥주. 세종Saison, 약한 산미와 과일 향이 나는 맥주 스타일 맥주로, 우리 식으로 표현하면 농번기에 먹던 막걸리, 일종의 농주이다.

## 펍 Pub
술을 파는 상점, 혹은 술집을 말한다. Public House의 줄임말로 영국 사람들이 사람을 만나거나 친구를 사귀던 선술집에서 시작되었다.

## 포터 Porter
영국의 검은색 에일 맥주 가운데 맛과 도수가 강한 맥주를 부르는 하위 분류 이름이었으나 지금은 스타우트처럼 에일 흑맥주의 하나로 분류한다. 영국의 노동자들에게 많은 사랑을 받아 짐꾼Porter이라는 이름을 얻었다. 초콜릿과 캐러멜 맛이 난다.

## 폴라리스 Polaris
홉의 한 종류이다. 민트, 박하, 파인애플 향이 난다.

## 페일 에일 Pale Ale
에일을 대표하는 맥주 가운데 하나이다. Pale은 색이 옅다는 뜻이고 Ale은 상면 발효 맥주라는 뜻이다. 1703년 영국에서 처음 만들었다. 이름처럼 IPA, 스타우트, 포터 등 다른 에일 맥주보다 빛깔이 맑고 맛이 조금 가볍다. 영국식, 미국식이 있는데 최근에는 아메리칸 페일 에일 타입이 대세다. 영국식 페일 에일은 홉의 쌉쌀함, 풀 향기, 몰트의 달콤함이 조화를 이루는 것이 특징이다. 미국식 페일 에일은 홉 특유의 화사한 향과 열대 과일 풍미, 깔끔한 끝 맛을 강조한 맥주다. 홉이 주연이라면 맥아는 조연인 맥주이다.

## 플레이버 Flavor
맥주를 표현하는 단어 중 하나다. 코로 느껴지는 향, 혀로 느껴지는 맛을 아우른다.

## 필스너 Pilsner
하면 발효 방식으로 만드는 오늘날 라거 맥주의 시초이다. 1842년 체코 플젠필젠, Pilsen 지역의 시민 양조장에서 처음 제조하기 시작했다. Pilsner는 '필젠에서 만든 맥주'라는 뜻이다. 당시의 라거 맥주보다 홉을 많이 쓰고 색이 옅은 맥아를 사용하였는데, 맛이 좋고 엷은 황금빛이 아름다워 독일과 유럽 전역에서 큰 인기를 끌었다. 맛이 깔끔하고 담백하다.

## 필스너 맥주잔 Pisner Beer Cup
길다란 맥주잔을 말한다. 탄산이 강한 맥주와 맥주가 가진 본연의 색을 살리는 데 좋은 잔이다.

## 탄산가스 Carbon Dioxide
맥주가 발효할 때 생기는 이산화탄소를 말한다. 맥주를 처음 입에 머금을 때, 목으로 넘어갈 때 톡 쏘는 탄산을 잘 느낄 수 있다. 향과 맛의 성분이 변질되지 않도록 해준다.

## 탭룸 Taproom
맥주의 출구, 즉 수도꼭지처럼 생긴 탭과 룸의 합성어로 브루어리에서 운영하는 바, 펍, 레스토랑을 통칭하여 일컫는다.

## 튤립 Tulip
맥주잔의 종류이다. 튤립처럼 생겨 붙은 이름이다. 맥주 향과 거품을 두텁게 잡아주는 특징이 있다. 몰트에 치중한 맥주라면, 이 튤립 잔에 마셔보자.

## 트라피스트 맥주 Trappist Beer

아주 귀한 대접을 받는 수도원 맥주이다. 금욕적인 생활을 하는 수도사들이 사순절 같은 단식 기간에 영양 보충용으로, 그리고 손님 대접용으로 만들었다. 트라피스트 에일은 세계에서 단 11곳에서만 생산된다. 벨기에 6곳, 네덜란드 2곳, 오스트리아 1곳, 이탈리아 1곳, 미국에 1곳이 있다. 이들 맥주에는 Authentic Trappist Product라는 육각형 로고가 붙는다. 트라피스트 맥주가 되려면 세 가지 요건을 갖춰야 한다. 첫째, 수도원 또는 수도원 인근에서만 생산할 것. 둘째, 수도원에서 정책과 생산을 결정하고, 적합한 생산 과정이 입증돼야 하며, 수도원 생활 방식에 맞아야 할 것. 셋째, 수익은 지역 사회와 복지를 위해서 사용해야 할 것 등이다. 신의 가호와 인류애가 담긴 의미 있는 맥주다. 트라피스트의 맥주는 알코올 도수에 따라 엥켈Enkel, 5%, 듀벨 Dubbel, 6%~8%, 트리펠Tripel, 8%~10%, 쿼드루펠Quadrupel 등 4가지로 나뉜다.

## 케그 Keg

맥주를 저장하는 은색 통. 원래는 와인이나 생맥주를 담는 작은 나무통을 뜻했으나 지금은 은색 통까지 포함하여 폭넓게 쓰인다.

## 쾰쉬 Kölsch

쾰른에서 제조되는 빛깔이 밝은 에일 맥주이다. 알트 비어와 마찬가지로 상면 발효 후 저온에서 오랜 기간 숙성시키기 때문에 맛이 산뜻하고 발랄하다. 200ml 전용 잔에 마신다. 프뤼Früh 와 가펠Gaffel이 대표적인 쾰쉬 맥주이다. 쾰쉬는 쾰른 시의 형용사적 표현이다.

## 크래프트 비어 Craft Beer

흔히 수제 맥주라고 부른다. 전통을 재해석하여 맛에 새로운 바람을 일으키는 맥주를 말한다. 구체적으로는 독립 자본으로 경영하는 소규모 양조장연간 7억 리터 이하에서 몰트 100%로 양조하거나, 또는 첨가물을 사용하여 풍미를 차별화한 맥주를 말한다. 크래프트 비어라는 말 속에는 독립, 소규모, 전통의 재해석, 또는 혁신이라는 의미가 담겨 있다. 이런 맥주를 만드는 양조장을 크래프트 브루어리Craft Brewery라고 한다.

## 헤페바이젠 Hefe-Weizen

독일의 대표적인 밀 맥주. 탄산과 거품이 풍부하고, 은은한 바나나 향이 난다. 부담 없이 마실 수 있다. 맥주 하단에 효모가 가라앉아 있는 것이 특징이다. 잔에 맥주를 3분의 2 가량 따른 후 병을 흔들어 남은 맥주와 효모를 천천히 따라야 가장 맛있게 먹을 수 있다.

**호프브로이하우스** Hofbräuhaus
독일 뮌헨이 있는 양조장 겸 유명한 맥주 홀이다. 1859년 빌헬름 5세에 의해 설립되었다.

**홉** Hop
맥주 특유의 향과 쌉쌀한 맛을 내는 역할을 한다. 뽕나무과 여러해살이 덩굴식물로 종류가 무척 다양하다. 홉의 암꽃을 사용한다. 수확 시기는 8월 말~9월 초이다. 일반적으로 맥즙을 끓이는 과정에 홉을 투입한다. 보통 에일 맥주는 3~5가지 홉을 배합하여 사용하여 풍미를 다채롭고 풍부하게 한다. 홉은 향과 쓴맛을 내줄 뿐만 아니라 단백질의 혼탁을 막아 맥주를 맑게 하고, 잡균의 번식도 막아준다. 홉을 최초로 재배한 곳은 736년 독일 할러타우 지역이다. 당시의 홉은 우블롱Houblon이라 전해지고 있다. 크래프트 비어에 많이 활용되는 홉으로는 케스케이드Cascade, 센테니얼Centennial, 시트라Citra, 갤럭시Galaxy, 모자익Mosaic, 시호Saaz, 신코Simcoe, 수라이 에이스Sorachi Ace 등이 있다.

**효모** Yeast
빵, 맥주, 와인을 만들 때 사용하는 발효 물질인 미생물의 총칭이다. 맥아에서 추출된 당을 발효시켜 알코올과 탄산가스로 만들어준다. 효모는 그리스어로 '끓는다'는 뜻이다. 효모가 맥아의 당을 발효시키면 거품이 많이 나는데 그 모습이 '끓는' 것처럼 보여 이런 뜻을 얻었다. 효모에는 단백질, 탄수화물, 미네랄, 비타민 등이 포함되어 있다. 효모는 보통 배양하여 사용한다. 효모 가운데 야생 효모Wildyeast라는 게 있다. 야생 효모는 공기 같은 여러 외부 요인으로 만들어진다. 이같은 자연 효모는 주로 람빅Lambic이나 와일드에일Wildale 맥주를 만들 때 사용된다.

📖 **참고 도서**
맥주의 모든 것, 조슈아 M. 번스타임 지음, 푸른숲
만화로 보는 맥주의 역사, 조너선 헤니시 외 지음, 계단
그때, 맥주가 있었다, 미카 리싸넨 외 지음, 니케북스
맥주 스타일 사전, 김만제 지음, 영진닷컴
대한민국 수제맥주 가이드북, 비어포스트 지음, 비어포스트
맥주, 문화를 품다, 무라카미 미쓰루 지음, 알에이치코리아
맥주, 세상을 들이켜다, 야콥 블루메 지음, 도서출판 따비
맥주학교, 한솔스쿨
맥주도감, 한스미디어

서울

바네하임

미스터리
브루잉

어메이징
브루잉

가로수
브로잉

슈타인도르프

빈센트
반 골로

베베양조
구스 아일랜드

홉머리
브루잉

더 쎄를라잇

맥파이 브루어리

제주지앵

제주맥주

제주

제스퍼

사우스바운더
(남쪽으로 튀어)

크래프트
루트

더 테이블
히든 트랙
카브루
플레이그라운드
더 핸드앤몰트
버드나무
브루어리
칼리가리
서울
세븐 브로이
더 부스
판교 브루어리
크래머리
브로이하우스
아트 몬스터
까마귀 브루잉
레비 브루잉

코리아
크래프트
뱅크 크릭
브루잉
브루어리
304
칠홉스
브루잉
플래티넘
크래프트
바이젠하우스
개 바라
브루어리
만농백주
더 랜치
브루잉

트레비어
화수 브루어리
파머스
맥주
담주 브루어리
부산
무등산
브루어리

어드밴스드
브루잉
고릴라
브루잉
부산
와일드 웨이브
브루잉
갈매기
브루잉

제주

**③ 수제맥주 브루어리와 탭룸, 비어 펍 리스트**

## 서울

### 가로수 브루잉 컴퍼니
📍 서울시 강남구 도산대로11길 31-6(신사동 가로수길)  📞 02-515-8962
🕐 월~금요일 17:00~01:00 토요일 12:30~01:00 일요일 12:30~24:00
≡ www.garosubrewing.com/  🅕 garosubrewing  📷 garosubrewingcompany

### 구스 아일랜드 브루하우스
📍 서울시 강남구 역삼로 118(역삼초등학교 앞)  📞 02-6205-1785
🕐 주중 11:30~01:00 주말 10:00~01:00(일요일은 24:00까지)
🅕📷 GooseIslandBrewhouseSeoul
**구스 아일랜드 PUB 안내 주소** 서울 종로구 수표로28길 32(익선동)
**전화** 070-5168-9998 **영업시간** 15:00~23:00 **휴무** 일·월요일

### 더 쎄틀라잇 브루잉 컴퍼니
📍 서울시 금천구 디지털로9길 56 코오롱테크노밸리 105호(가산동)  📞 02-852-1550
🕐 주중 11:00~23:00 주말 17:00~23:00(일요일, 공휴일 휴무)
🅕 thesatellitebrewingcompany  📷 thesatellitebrewing

### 미스터리 브루잉 컴퍼니
📍 서울시 마포구 독막로 311 재화스퀘어 1층(공덕오거리)  📞 02-3272-6337  🕐 11:30~24:00
(연중 무휴) 🅕 MysterLeeBrewingCompany  📷 mysterlee_brewing_company

### 베베양조
📍 서울시 강남구 봉은사로68길 23(삼성동)  📞 02-566-8923  🕐 주중 11:30~24:00(Break Time
14:00~18:00) 토요일 18:00~24:00(일요일 휴무) 🅕📷 beberbrewery

### 브로이하우스 바네하임
📍 서울시 노원구 공릉로32길, 54 고려빌딩(공릉동)  📞 02-948-8003
🕐 주중 15:00~01:00(일요일 휴무) 🅕📷 vaneheimbrewery

## 빈센트 반 골로 브루어리
📍 서울시 강남구 강남대로156길 17-1(신사동 가로수길) 📞 070-4212-9010 🕐 17:00~01:00
(일요일 휴무) ☰ http://vincentvangolo.modoo.at/ 🄵 golobrewery 🄾 vincentvangolo

## 슈타인도르프
📍 서울시 송파구 오금로15길 11(방이동) 📞 02-422-9000
🕐 15:00~24:00(일요일 휴무) 🄵 SteinDorfkorea 🄾 steindorf_brau
**양조장 투어 안내** 브루어리 견학, 맥주 종류와 제조법 등 이론 설명, 시음 순서로 진행한다. 예약 인원
이 5인 이상일 때 진행한다. 일주일 전에 전화로 예약을 해야 한다. **전화** 02-422-9000 **비용** 2만5천원

## 어메이징 브루잉 컴퍼니
📍 서울시 성동구 성수일로4길 4 📞 02-465-5208 🕐 월 금요일 16:00~01:00 토~일요일
12:00~01:00 ☰ www.amazingbrewing.co.kr 🄵 amazingbrewery 🄾 amazingbrewing
**어메이징 브루잉 브루펍 안내**
잠실점 **주소** 서울시 송파구 송파대로 570 타워730 지하1층 **전화** 02 420 5208
송도점 **주소** 인천시 연수구 송도과학로16번길 33-3 트리플스트리트 C동 208, 209호
　　　**전화** 032 310 9599

## 홉머리 브루잉 컴퍼니
📍 서울시 강남구 도산대로11길 15 지하 1층(신사동 가로수길) 📞 02-544-7720
🕐 **월~목요일** 18:00~24:00 **금·토요일** 18:00~01:00 **일요일** 15:00~24:00 🄵🄾 hopmori

### 인천·경기

## 까마귀 브루잉
까마귀 브루잉 직영 탭룸 크로디 CROW:D
📍 경기도 오산시 오산로 252, 1층(오산동 오색시장) 📞 010-9046-0469
🕐 매일 17:00~23:00(월요일 휴무) 🄵 crowsbrewing 🄾 pub_crowd

## 더 부스 판교 브루어리
📍 경기도 성남시 분당구 운중로225번길 14-3 101(판교동) 📞 1544-4723(ARS 7번)
🕐 **화~금요일** 18:00~22:30 **토·일요일** 14:00~22:30(월요일 휴무)
☰ http://thebooth.co.kr/ 🄵🄾 theboothbrewing
**더 부스의 직영 탭룸 안내**
경리단점 **주소** 서울시 용산구 녹사평대로54길 7 **전화** 1544-4723(ARS 1번)

이태원역점 **주소** 서울시 용산구 이태원로27가길 36 **전화** 1544-4723(ARS 2번)
강남 1호점 **주소** 서울시 서초구 강남대로53길 11 서초동 삼성쉐르빌2 **전화** 1544-4723(ARS 3번)
강남 2호점 **주소** 서울시 강남구 강남대로98길 12-4 **전화** 1544-4723(ARS 4번)
삼성점 **주소** 서울시 강남구 테헤란로83길 40 **전화** 1544-4723(ARS 5번)
건대 커먼그라운드점 **주소** 서울시 광진구 아차산로 200 **전화** 1544-4723(ARS 6번)
신용산역점 **주소** 서울시 용산구 한강대로100 **전화** 1544-4723(ARS 8번)

## 더 테이블 브루잉 컴퍼니

📍 경기도 고양시 일산 동구 백마로 504(풍동) 📞 070-8241-2939
🕐 주중 16:00~02:00 주말 14:00~02:00 ≡ www.brewhousethetable.co.kr
🅵 🅾 thetablebrewing
**더 테이블 탭룸 안내**
종로점 **주소** 서울시 종로구 우정국로2길 21(관철동) **전화** 02-733-8883 **영업시간** 16:00~02:00
서른 탭룸 **주소** 서울시 종로구 종로 102-1(관철동) **전화** 02-723-2939
　　　　**영업시간** 18:00~02:00(금·토요일 ~04:00까지) SNS 30taproom (인스타그램)
마포 탭룸 **주소** 서울시 마포구 마포대로 183-6(아현동) **전화** 02-735-8882
　　　　**영업시간** 11:00~01:00 SNS thetablebrewing_mapo(인스타그램)

## 더 핸드앤몰트

📍 경기도 남양주시 화도읍 폭포로 361-1 📞 031-593-6258
≡ http://thehandandmalt.com/ 🅵 🅾 thehandandmalt
**더 핸드앤몰트 내자동 탭룸 주소** 서울시 종로구 사직로12길 12-2 **전화** 02-720-6258
**영업시간** 월~목요일 18:00~01:00 금요일 17:00~01:00 토요일 15:00~23:00(일요일 휴무)
**인스타그램** thehandandmalt_taproom

## 레비 브루잉 컴퍼니

📍 경기도 수원시 영통구 영통로 103 뉴엘지프라자 203호(망포동) 📞 031-202-9915
🕐 월~금 18:00~03:00, 토 18:00~24:00(일요일 휴무) ≡ www.leveebrewing.company
🅵 leveebrewing 🅾 levee_korea

## 아트 몬스터 브루어리

📍 경기도 군포시 공단로 181(금정동) 📞 031-562-6853
🕐 주중 10:00~19:00 ≡ www.artmonster.co.kr 🅵 🅾 artmonsterbrewery
**아트몬스터 직영 펍 안내**
현대백화점 가든파이브점 **주소** 송파구 충민로 66 현대가든파이브 라이프테크노관 지하 1층

전화 02-2673-2013 영업시간 매일 11:30~20:30
아트몬스터 익선동점 **주소** 서울시 종로구 돈화문로11다길 30 **전화** 02-745-0721
**영업시간** 매일 12:00~23:00

## 카브루

📍 경기도 가평군 청평면 상천리 수리재길 17  📞 02-3143-4082

≡ kabrew.co.kr  f ⃞  ⃝ kabrewbeer

**브루어리 투어와 워크숍 프로그램** 카브루의 공식적인 투어 프로그램이다. 수제 맥주 생산 시설 견학, 비어 클래스, 맥주 시음 코스로 진행된다. 탭룸은 야유회 및 워크숍 장소로 대관도 가능하다. 사전 예약 후 방문하자. **전화** 02 3143 4082 **투어 예산** 2~3만원 **워크숍 장소 임대** 20만원(15인 기준, 1인 추가시 5천원, 바비큐 그릴 및 숯 이용료 1만5천원 별도)

서래마을 크래프트 하우스 '공방' **주소** 서울시 서초구 시래로6길 7 **시간** 매일 17:00~02:00 (Break Time 15:00~17:00) **전화** 02-594-2018 **SNS** gongbang_crafthouse(인스타그램)

## 칼리가리 브루잉

📍 인천시 중구 신포로15번길 45(해안동 3가)  📞 032-766-0705

🕐 브루어리 09:00~18:00 탭룸 주중 17:00~01:00, 주말 17:00~03:00

≡ www.caligaribrewing.com  f ⃞ caligaribrewinghq  ⃝ caligaribrewing_hq

**칼리가리 박사의 밀실 탭룸 안내**

송도본점 **주소** 인천시 연수구 컨벤시아대로 116 푸르지오 월드마크 7단지상가 162호
　　　　 **전화** 032-4345-3020
홍대 상수점 **주소** 서울시 마포구 와우산로3길 16, 석진스토리 1층 **전화** 02-324-3020
삼성점 **주소** 서울시 강남구 테헤란로83길 14, 두산위브센티움 1층 106호 **전화** 02-568-4812
인천시청점 **주소** 인천시 남동구 미래로 17 이노플라자텔 1층 **전화** 032-433-6253
부평점 **주소** 인천시 부평구 대정로 72 **전화** 032-505-8321
인천 논현점 **주소** 인천시 남동구 논현남로 14-9 **전화** 070-4196-2222
서촌점 **주소** 서울시 종로구 자하문로1길 25 **전화** 070-7525-5981
수원 인계점 **주소** 경기도 수원시 팔달구 효원로265번길 54, 태산W타워 2층 204호
**전화** 031-232-0107
발산 마곡점 **주소** 서울시 강서구 마곡중앙8로, 86 **전화** 02-3663-8485

## 크래머리

📍 경기도 안산시 상록구 원당골5길 17(수암동)  📞 031-481-8879

🕐 월~금 9:00~18:00  http://kraemerlee.com  f ⃞  ⃝ kraemerlee

**크래머리 합정 펍 주소** 서울시 마포구 토정로 31(합정동) **전화** 070-4227-7979

영업시간 17:00~12:00(연중무휴)

## 플레이그라운드 브루어리
📍 경기도 고양시 일산서구 이산포길 246-11(법곳동) 📞 031-912-2463 🕐 11:30~22:00(월요일 휴무) ☰ www.playgroundbrewery.com 🅕 playgroundbrewery 🅞 playground_brewery
**플레이그라운드 탭 하우스 송도점 주소** 인천광역시 연수구 컨벤시아대로 80, 힐스테이트 401동 139호 **전화** 032-831-5698 **영업시간** 12:00~24:00(월요일 휴무) **인스타** playgroundsongdo

## 히든 트랙
📍 경기도 양주시 화합로 1754(율정동) 📞 070-4286-9193
🅕 thehiddentrack 🅞 hiddentrackbrewing
히든 트랙 직영 펍 안내
안암점 **주소** 서울시 동대문구 약령시로 6 지하 1층 **전화** 070-8801-9744
**영업시간** 월~토요일 16:00~01:00 일 16:00~24:00
회기점 **주소** 서울시 동대문구 회기로 149-3 지하 1층 **전화** 070-4225-9744
**영업시간** 매일 18:00~01:00(일요일 휴무)

## 강원도

## 버드나무 브루어리
📍 강원도 강릉시 경강로 1961(홍제동) 📞 033-920-9380
🕐 매일 12:00~23:00 🅕 Budnamu 🅞 budnamu_brewery

## 브로이하우스
📍 강원도 원주시 남원로 642, B1(개운동) 📞 033-764-2589
🕐 매일 17:00~02:00(설날, 추석 당일 휴무) 🅕🅞 brauhaus0327

## 세븐 브로이
📍 강원도 횡성군 공근면 경강로초원6길 60 📞 02-2659-1950
☰ http://www.sevenbrau.com/ 🅕 강서-달서맥주 🅞 sevenbrau
세븐 브로이 펍 안내 sevenbraupub.com
마포점 **주소** 서울시 마포구 새창로 11 **전화** 02-702-7777
여의도점 **주소** 서울시 영등포구 국회대로74길 9 **전화** 070-4117-0770
사당점 **주소** 서울시 관악구 승방2길 39 2층 **전화** 02-585-9289
발산점 **주소** 서울시 강서구 공항대로 271, 7층 **전화** 0507-1413-5677

롯데월드몰점 **주소** 서울시 송파구 올림픽로 300, 롯데월드몰 5층 **전화** 02 3213 4540
문정점 **주소** 서울시 송파구 문정동 618 **전화** 02-400-0472
동탄점 **주소** 경기도 화성시 동탄반송1길 37-1 **전화** 070-7561-6765
경기도 향남점 **주소** 경기도 화성시 향남로 발안로 64 **전화** 031-8059-3030
부천점 **주소** 경기도 부천시 조마루로291번길 56 **전화** 032-322-7724
평택 소사벌점 **주소** 경기도 평택시 비전5로 20-46 1층 **전화** 031-651-0993
광주 상무점 **주소** 광주광역시 서구 상무번영로 14 **전화** 062-373-3385

## 크래프트 루트

📍 강원도 속초시 관광로408번길 1(노학동) 📞 070-8872-1001
🕐 매일 11:30~24:00 📷 craftroot
익선동 펍 크래프트 루 **주소** 서울시 종로구 수표로28길 17-7 **전화** 070 7808-0001
**영업시간** 주중 17:00~24:00 주말 15:00~24:00 **SNS** craftroo(인스타그램, 페이스북)

## 대전·충청

## 더 랜치 브루잉 컴퍼니

📍 대전광역시 서구 계백로1249번안길 62(정림동) 📞 042-581-2060
🕐 토~일 14:00~20:00 📷 theranchbrewing
더 랜치 펍 **주소** 대전광역시 유성구 궁동로18번길 88 **전화** 042-825-4157
**영업시간** 월~토요일 17:00~02:00(일요일 휴무) **SNS** ranchpubdaejeon(페이스북)

## 바이젠하우스

📍 충청남도 공주시 우성면 성곡길 125(우성면 방문리) 📞 1661-5869 🕐 월~토 09:30~18:00(세
째 주 토요일 휴무) ☰ http://www.weizenhaus.com/ 📷 beerweizenhaus
**브루어리 투어 안내 시간** 매월 둘째 주 토요일 13:00~15:00 **비용** 1인 2만원
**바이젠하우스 전국 가맹점**
서울 방배 1호점 **주소** 서울시 서초구 동작대로 22 **전화** 02-588-7782
서울 방배 2호점 **주소** 서울시 서초구 방배천로2길 15, 2F **전화** 02-582-0314
대전 월평점 **주소** 대전광역시 서구 청사서로 46 **전화** 042-472-8111
대전 관평점 **주소** 대전광역시 유성구 관평2로 7-5, 2F **전화** 042-933-9654
대전 전민점 **주소** 대전광역시 유성구 전민로70번길 37 **전화** 042-867-7977
세종 종촌점 **주소** 세종특별자치시 달빛로 43, 2F **전화** 044-862-6983
조치원점 **주소** 세종특별자치시 조치원읍 행복8길 7, 2F **전화** 044-868-5869

천안 쌍용점 **주소** 충청남도 천안시 서북구 나사렛대길 22-6 **전화** 041-576-7747
청주 용암점 **주소** 충청북도 청주시 상당구 월평로184번길 78 **전화** 043-287-6869
대구 다사점 **주소** 대구광역시 달성군 다사읍 죽곡1길 7-8 **전화** 053-593-8008
구미점 **주소** 경상북도 구미시 안동34길 22 **전화** 054 472 3488

## 뱅크 크릭 브루잉

📍 충청북도 제천시 봉양읍 세거리로13길 106 📞 043-646-2337
🕐 월~금요일 10:00~17:30(주말에도 미리 연락하면 맥주 주문 및 구매 가능)
≡ http://blog.naver.com/pangtoc 🅕 bankcreek 🅞 deuksookim

## 브루어리 304

📍 충청남도 아산시 음봉면 탕정로 540-26, 범한정수 B1F(탄정산업단지) 📞 010-4759-5494
🕐 토요일 10:00~17:00(방문시 페이스북 메시지 또는 인스타 다이렉트로 문의)
≡ https://brewery304.com/ 🅕🅞 brewery304
**브루어리 304 맥주를 마실 수 있는 펍. 서울 집시**
**주소** 서울 종로구 서순라길 107 **전화** 02-743-1212 **영업시간** 화~금요일 17:00~24:00 토·일요일
16:00~23:00(매주 월요일 휴무) **SNS** seoulgypsy(페이스북, 인스타그램)

## 칠홉스 브루잉

📍 충청남도 서산시 동서1로 148-3(석남동) 📞 010-3022-4997
🕐 금 19:00~01:00, 토 15:00~01:00 🅕 🅞 chillhopsbrewingco
**칠홉스 맥주를 마실 수 있는 펍. 네이버후드**
**주소** 서울시 서대문구 연세로7안길 41 1층 **전화** 02-3144-0860 **시간** 매일 17:00~01:00(연중무휴)
**SNS** neighborhood_sinchon(인스타그램), neighborhoodsinchon(페이스북)

## 코리아 크래프트 브루어리

📍 충청북도 음성군 원남면 원남산단로 92 📞 043-927-2600
🕐 **월~금** 9:00~18:00(캔 맥주, 병 맥주, 기념품만 판매), **토요일** 13:00~17:00(브루어리 투어 진행
및 탭룸 오픈) ≡ http://www.koreacraftbrewery.com/ 🅕 arkbeerkorea 🅞 arkbeer_official
**브루어리 투어 안내 시간** 매주 토요일 13:00~17:00(브루어리 투어 진행 및 탭룸 오픈)
**비용** 클래식 투어 20,000원 / 마스터 투어 30,000원 / You Drink! We Drive! 투어 40,000원
**ARK 직영 펍 안내**
ARK ROUTE 146 **주소** 경기도 성남시 분당구 판교역로 146번길 20 현대백화점 판교점 지하 1층
**전화** 031-5170-2077 **SNS** ark_route146(인스타그램)
강남 1호점 **주소** 서울시 서초구 서초대로74길 29 서초파라곤 104호 **전화** 02-3472-2977

SNS arkpub_gangnam(인스타그램)
강남 2호점 **주소** 서울시 서초구 서운로 226 **전화** 070-7755-2977
ARK ROUTE 20 **주소** 서울시 중구 장충단로 13길 20 현대시티아울렛 지하 1층
**전화** 02-2283-2147 **SNS** ark_route20(인스타그램)

## 플래티넘 크래프트 맥주

📍 충청북도 증평군 증평읍 울어바위길 79-46 📞 043-838-6076
≡ http://www.platinumbeer.com/ 🅕 platinumbeer 🅞 platinumcraftbeer

## 광주·전라도

### 담주 브로이

📍 전라남도 담양군 담양읍 추성로 1134 📞 061-381-6788
🕐 매일 10:00~22:30(연중무휴) 🅕🅞 damju6788

### 무등산 브루어리

📍 광주광역시 동구 동명로14번길 29(동명동) 📞 062-225-1963
🕐 15:00~24:00(월요일 휴무) 🅕 afterworks.brewpub 🅞 afterworks_brewpub

### 파머스 맥주

📍 전라북도 고창군 부안면 복분자로 434-129 📞 063-561-4225
🕐 월~금 09:00~18:00(주말은 전화 문의) 🅞 farmers_brewery
**파머스 맥주를 즐길 수 있는 곳**
밀형제 양조장 **주소** 서울시 관악구 관악로14길 22, 2층 **전화** 02-6052-5151 **영업시간** 일·월·화
18:00~02:00, 수·목 14:00~02:00, 금·토 14:00~03:00 **SNS** wheatbros_brewery(인스타그램)
밀밭양조장 **주소** 광주광역시 광산구 송정로8번길 29 **전화** 062-233-3225
**영업시간** 주중 14:00~02:00 주말 12:00~02:00 인스타그램 wheatfieldbrewing
파머스 브루어리 **주소** 전라남도 목포시 원형동로 13(평화광장 롯데시네마 뒤쪽)
**전화** 010-4177-0603 **시간** 평일 18:00~03:00 금·토·일 18:00~04:00

## 부산

### 갈매기 브루잉 컴퍼니

📍 부산광역시 수영구 광남로 58, 613-813(남천동)  📞 051-611-9658

🕐 월~목 18:00~24:00 금·토 18:00~01:00 일요일 18:00~24:00

≡ www.galmegibrewing.com/  🅵 galmegi.brewery  🅾 galmegibrewing

갈매기 브루잉 탭룸

해운대점 **주소** 부산광역시 해운대구 해운대해변로265번길 9, 2층 **전화** 051 622 8990

**영업시간** 월~목 18:00~01:00, 금 18:00~03:00, 토 13:00~03:00, 일 13:00~01:00

서면점 **주소** 부산광역시 부산진구 동천로95번길 6 **전화** 010 6370 1003

**영업시간** 일~목 18:00~02:00, 금·토 18:00~03:00

남포점 **주소** 부산광역시 중구 광복로 21-3, 2층 **전화** 051 246 1871

**영업시간** 주중 17:00~02:00, 주말 14:00~02:00

부산대점 **주소** 부산광역시 금정구 부산대학로 58, 3층 **전화** 070 8833 2573

**영업시간** 주중 18:00~24:00, 토요일 18:00~01:00, 일요일 18:00~23:00

경성대점 **주소** 부산광역시 남구 수영로334번길 13, 2층 **전화** 051 926 4324

**영업시간** 매일 16:00~02:00

### 고릴라 브루잉 컴퍼니

📍 부산광역시 수영구 광남로 125(광안동)  📞 051-714-6258  🕐 월~금요일 17:00~24:00 토~일요일
14:00~01:00 ≡ https://gorillabrewingcompany.com/  🅵 gorillabrewingcompany  🅾 gorilla_brewing

### 어드밴스드 브루잉

📍 부산광역시 기장군 기장읍 동서길 84-2  📞 051 724 5049

🕐 월~금요일 09:00~18:00 ≡ www.advancedbrewing.co.kr  🅵 🅾 akitubrewing

어드밴스드 맥주를 마실 수 있는 곳

아키투 탭하우스 **주소** 부산광역시 중구 남포길 31(남포동 2가) **전화** 051 242 5049

**영업시간** 월~목 18:00~24:00 금토 18:00~01:00 일 18:00~24:00

SNS 페이스북 akitubrewingtaproom 인스타그램 akitu_tap_house

크래프트 발리 **주소** 서울시 마포구 잔다리로 19(홍대 앞) **전화** 02 338 4053

**영업시간** 평일 18:00~01:00 주말 17:00~02:00 일요일 17:00~24:00 **인스타그램** craftbarley_pub

### 와일드 웨이브 브루잉

📍 부산광역시 해운대구 송정중앙로5번길 106-1(송정동)  📞 051-702-0839  🕐 화~금요일 18:00~
24:00 토·일요일 12:00~24:00(월요일 휴무) ≡ www.wildwavebrew.com  🅵 🅾 wildwave.brew

## 경상도·울산

### 가나다라 브루어리

📍 경상북도 문경시 문경대로 625-1(유곡동)   📞 070-7799-2428   🕐 매일 10:00~19:00

≡ www.ganadara.co.kr   🅵 가나다라브루어리   📷 gndrbrew

**가나다라 맥주를 마실 수 있는 펍, 세븐크래프트**

**주소** 서울시 마포구 독막로5길 33(서교동) **전화** 02-333-8177 **영업시간** 일요일 17:00~24:00, 주말 17:00~02:00, 평일 17:00~01:00 **SNS** sevencraft_official (인스타그램)

### 안동맥주

📍 경상북도 안동시 강남1길 49(정하동)   📞 010-9956-9602

🕐 토요일 13:00~18:00 (매주 포장 판매)   🅵 📷 andongbrewing

**안동맥주를 마실 수 있는 만리동 MANRI199 Taproom**

**주소** 서울시 중구 만리재로 199(만리동) **전화** 02-363-0199

**시간** 평일 17:00~24:00, 주말 13:00~24:00 **인스타그램** mari199_taptroom (인스타그램)

### 트레비어

📍 울산광역시 울주군 언양읍 반구대로 1305-2   📞 052-225-1111

🕐 **월~토요일** 09:30~19:00 **일요일** 10:00~19:00   🅵 trevierbrau   📷 trevier_brau

**트레비어 탭룸과 펍**

로컬 크래프티 **주소** 울산광역시 중구 종가2길 1-2 102호(유곡동) **전화** 052-212-0770

**영업시간** 매일 13:00~00:00 **SNS** localcrafty(인스타그램)

트레비어 대구 서변점 **주소** 대구광역시 북구 서변로 55-1(서변동) **전화** 053-939-0812

**영업시간** 19:00~01:00

트레비어 여수점 **주소** 전라남도 여수시 여문문화길 22(문수동) **전화** 010-6231-3626

**영업시간** 매일 18:00~03:00

### 화수 브루어리

📍 울산광역시 남구 신복로 22번길 28(무거동)   📞 052-247-8778

🕐 **월~토요일** 17:00~00:00 (일요일 휴무)   ≡ whasoobrewery.modoo.at

🅵 whasoobrewery   📷 whasoo_brewery

**화수 브루어리 맥주를 마실 수 있는 쥬크비어**

**주소** 서울시 영등포구 양평로 67 B1 101호(당산동) **전화** 02 2678 8890

**시간** 매일 17:00~02:00 **SNS** jukebeer(인스타그램, 페이스북)

## 제주도

### 사우스바운더 브로잉 컴퍼니

📍 서귀포시 예래로 33(상예동, 중문 단지 부근) 📞 064-738-7536

🕐 12:00~24:00(연중무휴) ≡ http://www.sbbc.co.kr/ 📷 southbounderbrewery

### 맥파이 브루어리

📍 제주시 동회천1길 23(회천동) 📞 070-4228-5300

🕐 수~일요일 12:00~20:00 ≡ www.magpiebrewing.com 📘📷 magpiebrewing

**브루어리 투어 안내 시간** 토·일 13:00 15:00 17:00(사전 예약제) **가격** 1만원(맥주 한 잔 포함)

**문의** 070-4228-5300 **이메일** brewery@magpiebrewing.com

**맥파이 직영 펍**

**이태원점 주소** 서울시 용산구 녹사평대로 244-1 **전화** 02-749-2703

**영업시간** ①브루숍 매일 15:00~23:00 ②베이스먼트 매일 17:00~01:00

**탑동 제주점 주소** 제주시 탑동로2길 3, 1층 **전화** 064-720-8227 **영업시간** 매일 17:00~01:00

### 제스피

📍 서귀포시 남원읍 서성로 684-22 📞 064-780-3582 🕐 월~금요일 10:00~17:00(주말 휴무, 투어는 무료, 최소 2일 전까지 예약) ≡ brand.jpdc.co.kr/jespi 📘📷 jejujespi

**브루어리 투어 안내 주소** 서귀포시 남원읍 서성로 684-22 **전화** 064-780-3582

**시간** 월~금요일 10:00~17:00 **예약** 최소 2일 전까지 **비용** 무료

### 제주맥주

📍 제주시 한림읍 금능농공길 62-11 📞 064-798-9872 🕐 목~일 13:00~20:00

≡ https://jejubeer.co.kr 📘📷 jejubeerofficial

**브루어리 투어 안내 전화** 064 -798-9872 **시간** 13:00~19:00(목~일)

**요금** 12,000원(홈페이지에서 온라인으로 사전 결제, 생맥주 1잔과 몰트 스낵 3종 제공)

### 제주지앵

📍 제주시 청귤로3길 42-7(이도2동) 📞 064-724-3650 📘📷 jejusien_official

**탭하우스 더 코너 주소** 제주특별자치도 제주시 도령로 27 베스트웨스턴호텔 1층(노형동)

**영업시간** 매일 18:00~01:00(일요일 휴무) **전화** 064-744-2007

# 브루어리 할인 쿠폰과 굿즈 증정 쿠폰

*할인 및 굿즈 제공은 쿠폰 지참 고객에게 한합니다. 잊지 말고 챙겨가세요.

## 서울

### 가로수 브루잉 컴퍼니

맥주 10% 할인

기간 2018년 12월 31일까지
주소 서울 강남구 도산대로11길 31-6
전화 02-515-8962

### 구스 아일랜드 브루하우스

익선동 펍 방문시 에코노트+펜 증정

기간 소진 시까지
주소 서울 종로구 수표로28길 32
전화 070-5168-9998

### 더 쎄를라잇 브루잉 컴퍼니

맥주 한 잔 무료 제공

기간 2018년 12월 31일까지
주소 서울 금천구 디지털로9길 56 코오롱테크노
벨리 105호
전화 02-852-1550

### 미스터리 브루잉 컴퍼니

결제 금액의 10% 할인

기간 2018년 12월 31일까지
주소 서울 마포구 독막로 재화스퀘어 1층
전화 02-3272-6337

### 베베양조

베베양조 에코백 증정

기간 소진 시까지
주소 서울 강남구 봉은사로68길 23벨리 105호
전화 02-566-8923

### 브루하우스 바네하임

결제 금액의 10% 할인
(테이크아웃 제외)

기간 2018년 12월 31일까지
주소 서울 노원구 공릉로21길 43, 고려빌딩
전화 02-948-8003

### 빈센트 반 골로 브루어리

페일에일 혹은 바이첸 1잔 무료 제공

기간 2018년 12월 31일까지
주소 서울 강남구 강남대로 156길 17-1
전화 070-4212-9010

### 슈타인도르프

브루어리 투어 무료 및 시음 맥주 제공
(주중 3인 이상 예약 시)

기간 2018년 12월 31일까지
주소 서울 송파구 오금로15길 11
전화 02-422-9000

## 오늘은
## 수제맥주

당신이 꼭 가야 할
브루어리와
탭룸, 비어 펍 올 가이드

———
디스커버리미디어

## 오늘은
## 수제맥주

당신이 꼭 가야 할
브루어리와
탭룸, 비어 펍 올 가이드

———
디스커버리미디어

## 오늘은
## 수제맥주

당신이 꼭 가야 할
브루어리와
탭룸, 비어 펍 올 가이드

———
디스커버리미디어

## 오늘은
## 수제맥주

당신이 꼭 가야 할
브루어리와
탭룸, 비어 펍 올 가이드

———
디스커버리미디어

## 오늘은
## 수제맥주

당신이 꼭 가야 할
브루어리와
탭룸, 비어 펍 올 가이드

———
디스커버리미디어

## 오늘은
## 수제맥주

당신이 꼭 가야 할
브루어리와
탭룸, 비어 펍 올 가이드

———
디스커버리미디어

## 오늘은
## 수제맥주

당신이 꼭 가야 할
브루어리와
탭룸, 비어 펍 올 가이드

———
디스커버리미디어

## 오늘은
## 수제맥주

당신이 꼭 가야 할
브루어리와
탭룸, 비어 펍 올 가이드

———
디스커버리미디어

## 어메이징 브루잉 컴퍼니

결제 금액의 15% 할인
(성수동 브루펍, 잠실점, 송도점 사용 가능)

기간 2018년 12월 31일까지
주소 서울 성동구 성수일로4길 4
전화 02-465-5208
*지점별 주소와 전화번호는 본문 및 특별 부록 브루어리 리스트 참고

## 홉머리 브루잉 컴퍼니

맥주 1+1, 안주 30% 할인,
나쵸/프라이 택 1 제공

기간 2018년 12월 31일까지
주소 서울 강남구 도산대로11길 15 지하 1층
전화 02-544-7720

---

### 인천·경기도

## 까마귀 브루잉

맥주 10% 할인

기간 2018년 12월 31일까지
주소 경기도 오산시 오산로 252, 1층
전화 010-9046-0469

## 더 부스 판교 브루어리

직영 매장 결제 금액의 15% 할인
(브루어리 제외)

기간 2018년 12월 31일까지
전화 02-711-4723 (대표번호)
*매장별 주소와 전화번호는 본문 및 특별 부록 브루어리 리스트 참고

## 더 테이블 브루잉 컴퍼니

웰컴 맥주 1잔 무료 제공
(일산 브루펍, 종로점, 서른 탭룸, 마포 탭룸)

기간 2018년 12월 31일까지
주소 경기도 고양시 일산동구 백마로 504
전화 070-8241-2939
*지점별 주소 및 전화번호는 본문 및 특별 부록 브루어리 리스트 참고

## 더 핸드앤 몰트

내자동 탭룸 방문 시
브랜드 클링 홀더 1개 증정

기간 소진 시까지
주소 서울 종로구 사직로12길 12-2
전화 02-720-6258

## 레비 브루잉 컴퍼니

결제 금액의 10% 할인

기간 2018년 12월 31일까지
주소 경기도 수원시 영통구 영통로 103
뉴엘지프라자 203호
전화 031-202-9915

## 아트 몬스터 브루어리

맥주 10% 할인
(송파 가든파이브점, 익선동점)

기간 12월 31일까지
*매장별 주소 및 전화번호는 본문 및 특별 부록 브루어리 리스트 참고

## 오늘은
## 수제맥주

당신이 꼭 가야 할
브루어리와
탭룸, 비어 펍 올 가이드

디스커버리미디어

## 오늘은
## 수제맥주

당신이 꼭 가야 할
브루어리와
탭룸, 비어 펍 올 가이드

디스커버리미디어

## 오늘은
## 수제맥주

당신이 꼭 가야 할
브루어리와
탭룸, 비어 펍 올 가이드

디스커버리미디어

## 오늘은
## 수제맥주

당신이 꼭 가야 할
브루어리와
탭룸, 비어 펍 올 가이드

디스커버리미디어

## 오늘은
## 수제맥주

당신이 꼭 가야 할
브루어리와
탭룸, 비어 펍 올 가이드

디스커버리미디어

## 오늘은
## 수제맥주

당신이 꼭 가야 할
브루어리와
탭룸, 비어 펍 올 가이드

디스커버리미디어

## 오늘은
## 수제맥주

당신이 꼭 가야 할
브루어리와
탭룸, 비어 펍 올 가이드

디스커버리미디어

## 오늘은
## 수제맥주

당신이 꼭 가야 할
브루어리와
탭룸, 비어 펍 올 가이드

디스커버리미디어

# 카브루
## 서래마을 안테나 숍 '공방'
결제 금액의 20% 할인
(최대 할인 금액 10만원)

기간 2019년 4월 30일까지
주소 서울 서초구 서래로6길 7
전화 02-594-2018

# 카브루
## 서래마을 안테나 숍 '공방'
결제 금액의 20% 할인
(최대 할인 금액 10만원)

기간 2019년 4월 30일까지
주소 서울 서초구 서래로6길 7
전화 02-594-2018

# 카브루
## 서래마을 안테나 숍 '공방'
결제 금액의 20% 할인
(최대 할인 금액 10만원)

기간 2019년 4월 30일까지
주소 서울 서초구 서래로6길 7
전화 02-594-2018

# 카브루
## 서래마을 안테나 숍 '공방'
결제 금액의 20% 할인
(최대 할인 금액 10만원)

기간 2019년 4월 30일까지
주소 서울 서초구 서래로6길 7
전화 02-594-2018

# 카브루
## 브루어리 투어 할인
결제 금액의 50% 할인
(5명 이상 방문 시 진행 가능)

기간 2019년 4월 30일까지
주소 경기도 가평군 청평면 상천리 수리재길 17
전화 02-3143-4082

# 카브루
## 브루어리 투어 할인
결제 금액의 50% 할인
(5명 이상 방문 시 진행 가능)

기간 2019년 4월 30일까지
주소 경기도 가평군 청평면 상천리 수리재길 17
전화 02-3143-4082

# 카브루
비어클래스+브루어리투어+맥주 2잔
(12oz)+기념품 파인트컵=2만원
(5명 이상 방문 시 진행 가능)

기간 2019년 4월 30일까지
주소 경기도 가평군 청평면 상천리 수리재길 17
전화 02-3143-4082

# 카브루
비어클래스+브루어리투어+맥주 2잔
(12oz)+기념품 파인트컵=2만원
(5명 이상 방문 시 진행 가능)

기간 2019년 4월 30일까지
주소 경기도 가평군 청평면 상천리 수리재길 17
전화 02-3143-4082

**오늘은 수제맥주**

당신이 꼭 가야 할
브루어리와
탭룸, 비어 펍 올 가이드

———

디스커버리미디어

**오늘은 수제맥주**

당신이 꼭 가야 할
브루어리와
탭룸, 비어 펍 올 가이드

———

디스커버리미디어

**오늘은 수제맥주**

당신이 꼭 가야 할
브루어리와
탭룸, 비어 펍 올 가이드

———

디스커버리미디어

**오늘은 수제맥주**

당신이 꼭 가야 할
브루어리와
탭룸, 비어 펍 올 가이드

———

디스커버리미디어

**오늘은 수제맥주**

당신이 꼭 가야 할
브루어리와
탭룸, 비어 펍 올 가이드

———

디스커버리미디어

**오늘은 수제맥주**

당신이 꼭 가야 할
브루어리와
탭룸, 비어 펍 올 가이드

———

디스커버리미디어

**오늘은 수제맥주**

당신이 꼭 가야 할
브루어리와
탭룸, 비어 펍 올 가이드

———

디스커버리미디어

**오늘은 수제맥주**

당신이 꼭 가야 할
브루어리와
탭룸, 비어 펍 올 가이드

———

디스커버리미디어

## 카브루

비어클래스+브루어리투어+맥주 무제한
+기념품 파인트컵=3만원
(5명 이상 방문 시 진행 가능)

기간 2019년 4월 30일까지
주소 경기도 가평군 청평면 상천리 수리재길 17
전화 02-3143-4082

## 카브루

비어클래스+브루어리투어+맥주 무제한
+기념품 파인트컵=3만원
(5명 이상 방문 시 진행 가능)

기간 2019년 4월 30일까지
주소 경기도 가평군 청평면 상천리 수리재길 17
전화 02-3143-4082

## 크래머리

합정 펍 결제 금액의 20% 할인

기간 2018년12월 31일까지
주소 서울시 마포구 토정로 31
전화 070-4227-7979

## 플레이 그라운드 브루어리

웰컴 맥주 1잔 무료 제공
(일산 브루어리, 송도 탭하우스)

기간 2018년 12월 31일까지
주소 경기도 고양시 일산서구 이산포길 246-11
전화 031-912-2463
*송도 탭하우스 주소 및 전화번호는 본문 및 특별 부록 브루어리
  리스트 참고

## 히든트랙

쿠폰 지참 고객 팝콘 무료 제공
(안암점, 회기점)

기간 2018년 12월 31일까지
*안암점, 회기점 주소 및 전화번호는 본문 및 특별 부록 브루어리
  리스트 참고

## 칼리가리 브루잉

브루어리 내 탭룸 결제 금액의
30% 할인

기간 2018년 10월 31일까지
주소 인천 중구 신포로 15번길 45
전화 032-766-0705

## 강원도·충청남도

## 바이젠 하우스

브루어리 투어 50% 할인
(둘째주 토요일 13:00~15:00 진행, 사전 예약 필수)

기간 2019년 4월 30일까지
주소 충남 공주시 우성면 성곡길 125
전화 1661-5869

## 버드나무 브루어리

맥주 1잔 무료 제공

기간 2018년 12월 31일까지
주소 강원도 강릉시 경강로 1961
전화 033-920-9380

## 오늘은
## 수제맥주

당신이 꼭 가야 할
브루어리와
탭룸, 비어 펍 올 가이드

―――
디스커버리미디어

## 오늘은
## 수제맥주

당신이 꼭 가야 할
브루어리와
탭룸, 비어 펍 올 가이드

―――
디스커버리미디어

## 오늘은
## 수제맥주

당신이 꼭 가야 할
브루어리와
탭룸, 비어 펍 올 가이드

―――
디스커버리미디어

## 오늘은
## 수제맥주

당신이 꼭 가야 할
브루어리와
탭룸, 비어 펍 올 가이드

―――
디스커버리미디어

## 오늘은
## 수제맥주

당신이 꼭 가야 할
브루어리와
탭룸, 비어 펍 올 가이드

―――
디스커버리미디어

## 오늘은
## 수제맥주

당신이 꼭 가야 할
브루어리와
탭룸, 비어 펍 올 가이드

―――
디스커버리미디어

## 오늘은
## 수제맥주

당신이 꼭 가야 할
브루어리와
탭룸, 비어 펍 올 가이드

―――
디스커버리미디어

## 오늘은
## 수제맥주

당신이 꼭 가야 할
브루어리와
탭룸, 비어 펍 올 가이드

―――
디스커버리미디어

## 브루어리 304

병맥주 한병 당 2천원 할인
(토요일 테이크아웃 시)

기간 2018년 12월 31일까지
주소 충남 아산시 음봉면 탕정로 540-26,
범한정수 B1F
전화 010-4759-5494

## 칠홉스 브루잉 컴퍼니

맥주 3+1 서비스 제공
(주문 맥주와 동일한 가격 내에서 제공)

기간 2018년 12월 31일까지
주소 충남 서산시 동서1로 148-3
전화 010-3022-4997

## 크래프트 루트

맥주 30% 할인

기간 2018년 12월 31일까지
주소 강원도 속초시 관광로408번길 1
전화 070-8872-1001

## 부산·경상도

## 가나다라 브루어리

캔맥주 구매 시 전용잔 증정

기간 2018년 12월 31일까지
주소 경상북도 문경시 문경대로 625-1
전화 070-7799-2428

## 갈매기 브루잉 컴퍼니

결제 금액의 15% 할인

기간 2018년 12월 31일까지
주소 부산광역시 수영구 광남로 58, 613-813
전화 051-611-9658

## 고릴라 브루잉 컴퍼니

웰컴 맥주 1잔 무료 제공

기간 2018년 12월 31일까지
주소 부산광역시 수영구 광남로 125
전화 051-714-6258

## 안동맥주

캔맥주 1개 무료 제공

기간 2018년 12월 31일까지
주소 경상북도 안동시 강남1길 49
전화 010-9956-9602

**오늘은
수제맥주**

당신이 꼭 가야 할
브루어리와
탭룸, 비어 펍 올 가이드

디스커버리미디어

**오늘은
수제맥주**

당신이 꼭 가야 할
브루어리와
탭룸, 비어 펍 올 가이드

디스커버리미디어

**오늘은
수제맥주**

당신이 꼭 가야 할
브루어리와
탭룸, 비어 펍 올 가이드

디스커버리미디어

**오늘은
수제맥주**

당신이 꼭 가야 할
브루어리와
탭룸, 비어 펍 올 가이드

디스커버리미디어

**오늘은
수제맥주**

당신이 꼭 가야 할
브루어리와
탭룸, 비어 펍 올 가이드

디스커버리미디어

**오늘은
수제맥주**

당신이 꼭 가야 할
브루어리와
탭룸, 비어 펍 올 가이드

디스커버리미디어

**오늘은
수제맥주**

당신이 꼭 가야 할
브루어리와
탭룸, 비어 펍 올 가이드

디스커버리미디어

**오늘은
수제맥주**

당신이 꼭 가야 할
브루어리와
탭룸, 비어 펍 올 가이드

디스커버리미디어

## 어드밴드스 브루잉 컴퍼니
**아키루 탭 하우스**
**맥주 1잔 무료 제공**

기간 2018년 12월 31일까지
주소 부산광역시 중구 남포길 31
전화 052-242-5049

## 와일드 웨이브 브루잉
**서핑하이 1잔 무료 제공**

기간 12월 31일까지
주소 부산광역시 해운대구 송정중앙로5번길 106-1
전화 051-702-0839

## 트레비어
**스니프터 맥주잔 1개 증정**

기간 소진 시까지
주소 울산광역시 울주군 언양읍 반구대로 1305-2
전화 052-225-1111

## 화수 브루어리
**캔맥주 1개 무료 제공**

기간 2018년 12월 31일까지
주소 울산광역시 남구 신복로 22번길 28
전화 052-247-8778

### 광주·전남·제주도

## 사우스바운더
## 브로잉 컴퍼니(남쪽으로 튀어)
**브루어리 투어 및 시음 맥주 제공**
**(주말 사전 예약 시)**

기간 2018년 12월 31일까지
주소 제주도 서귀포시 예래로 33
전화 063-738-7536

## 담주브로이
**전체 금액 10% 할인**

기간 2018년 12월 31일까지
주소 전남 담양군 담양읍 추성로 1134
전화 061-381-6788

## 무등산 브루어리
**평화 페일에일**
**레귤러 사이즈 1잔 무료 제공**

기간 2018년 12월 31일까지
주소 광주광역시 동구 동명로14번길 29
전화 062-225-1963

## 제주지앵
**제주지앵 맥주 20% 할인**
**(탭하우스 더 코너 방문 시)**

기간 2018년 12월 31일까지
주소 제주시 도령로 27 베스트웨스턴호텔 1층
전화 064-744-2007

**오늘은
수제맥주**

당신이 꼭 가야 할
브루어리와
탭룸, 비어 펍 올 가이드

디스커버리미디어

**오늘은
수제맥주**

당신이 꼭 가야 할
브루어리와
탭룸, 비어 펍 올 가이드

디스커버리미디어

**오늘은
수제맥주**

당신이 꼭 가야 할
브루어리와
탭룸, 비어 펍 올 가이드

디스커버리미디어

**오늘은
수제맥주**

당신이 꼭 가야 할
브루어리와
탭룸, 비어 펍 올 가이드

디스커버리미디어

**오늘은
수제맥주**

당신이 꼭 가야 할
브루어리와
탭룸, 비어 펍 올 가이드

디스커버리미디어

**오늘은
수제맥주**

당신이 꼭 가야 할
브루어리와
탭룸, 비어 펍 올 가이드

디스커버리미디어

**오늘은
수제맥주**

당신이 꼭 가야 할
브루어리와
탭룸, 비어 펍 올 가이드

디스커버리미디어

**오늘은
수제맥주**

당신이 꼭 가야 할
브루어리와
탭룸, 비어 펍 올 가이드

디스커버리미디어